# 「麵包・麵團」
## 完美配方
## 精析圖解

瑞昇文化

# 以家庭烘焙坊爲目標，
# 體驗與麵團的對話，
# 請愉快地親手試做看看！

從前有位麵包師傅曾經這麼說過：

「廚師是音樂家，糕點師是畫家，麵包師傅則是科學家。」

我聽到後恍然大悟對這樣的看法表示認同。

不論是廚師或是糕點師都是屬於必須具備突顯情感藝術家性格的職業，不過麵包師傅需要懂得計算溫度、濕度與時間各項要素……等等，所以才會說是科學家。

然而即便是具備職業水準的麵包師傅，也不可能每天都能揉出相同狀態的麵團與烘烤出相同程度的麵包。那是因爲麵團本身就是有生命的物體，在一般酵母菌發酵與產生麩質的過程中，透過揉麵、第一次發酵、擠壓空氣、成形、最後發酵、烘烤…等各個步驟的「調整」，麵團才會逐漸成長。

本書的內容介紹了如何在家中做出不會輸給職業麵包師傅手作美味麵包水準的技巧與訣竅，因爲唯有透過親自去觀察與接觸麵團，經過思考才能做出好吃的麵包。所以請試著實際操作與試吃幾遍，以這樣方式去慢慢提升自己的技術。如此一來，應該就能夠讓住家成爲家人臉上帶著笑容，等待麵包出爐的「家庭烘焙坊」。請務必在製作麵包的過程中與麵團愉快地對話。

Esprit de BIGOT

藤森二郎

# 目次

PART 4

## 可頌麵包麵團

PART 5

## 受歡迎的麵團

### 【食譜注意事項】

■ 使用材料的部分

麵粉使用前要過篩，若使用 2 種麵粉需先混合再過篩。雞蛋爲 M 尺寸（1 顆約 60g），其中食譜內沒特別註明的奶油都是採用無鹽奶油，砂糖則是使用上白糖，EV 橄欖油爲原榨無化學添加的橄欖油。由於當中所添加的果乾與堅果份量，會隨著季節與商品不同而出現極大差異，所以要特別注意使用標準。其中手粉並未包括在食譜份量內，請依所需要份量來使用。

■ 使用家中的工具

本書的麵包都是使用家中已經有的工具，以及平時方便購入的工具。

■ 使用家用烤箱烘烤

本書的麵包皆以家用烤箱烘烤而成，食譜內標示出烘烤溫度與時間。不過由於烤箱會因爲機種與性能的不同而產生差異，所以請以標示的烘烤溫度與時間爲基準，再搭配麵包的烤色等情況來判斷是否烘烤完成。食譜沒有特別標明時皆是以烘烤溫度提高 20℃作爲預熱溫度，如果是需要高溫預熱則是會在「事前準備」項目標明。發酵時間、靜置時間等都是按照標準操作。

■ 烘烤後的麵包

建議將沒吃完的麵包放入冰箱冷凍保存。我自己的做法是將麵包各自以鋁箔紙包覆，需要加熱時從冷凍庫取出，包覆著鋁箔紙直接烘烤加熱。沒有包覆鋁箔紙的狀態下，則是需要噴灑些許水分後再烘烤加熱，口感會比較酥脆。

藤森師傅的
基礎
教學

# 我認為做麵包的關鍵字是「溫柔對待麵團」

麵包是如何做出來的呢？在這裡就以流程步驟的方式做說明。瞭解到麵團是如何產生變化之後，就能掌握各個步驟的意義與訣竅。

麵包的主要材料為麵粉、酵母粉、水。麵粉加入水後經過揉捏後，麵粉內的蛋白質會與水分結合，產生柔軟且細緻的網狀組織，也就是所謂的麩質。**麩質經常被稱作是麵團的「骨架」，而麵粉中的澱粉則是能製造出填補骨架的「牆壁」**。

至於酵母粉碰到水則是會開始進行發酵作用。酵母粉發酵會產生二氧化碳、酒精與有機酸，其中**二氧化碳會讓麵團膨脹，而酒精與有機酸則是能夠提升麵包的香氣與風味，讓麵包變得更好吃**。

二氧化碳會逐漸產生，讓擁有柔軟骨架的麩質呈現氣球那樣膨脹的狀態。**然後經過最後的烘烤步驟，讓麩質與澱粉因為高溫而凝固，進而產生有別於麵團的強韌度來維持麵包的形狀**。

做麵包和做料理與甜點不同，存在許多自己獨特的步驟與重點。那是因為**麵團本身與酵母粉都是屬於「活著」的狀態**。麵粉加入酵母粉、水，接著開始揉捏之後，就要開始繃緊神經了。不論是在揉麵過程、發酵、麵包成形的階段，在烘烤前就一直持續在活動，每一分鐘的狀態都不相同。

所以說**做麵包最重要的就是要隨時注意麵團的狀態，我自己對於做麵包的堅持是要「溫柔對待麵團」**。如果想著要做出美味的麵包，那麼請務必考慮到「麵團的情緒變化」。這點倒是跟人類一樣（笑）。

**製作流程**

1. 事前準備
2. 揉麵
3. 第一次發酵
4. 擠壓空氣
5. 分割
6. 靜置時間
7. 成形～最後發酵
8. 烘烤

現烤麵包出爐！

# 1 「事前準備」～適合放麵團的環境是「浴室」

以做麵包來說，整個流程的**理想室內環境溫度為 28~30℃，濕度是 60~75%**。只要記住這樣的溫度與濕度，就是天氣悶熱的梅雨季和浴室那樣的狀態。對我們來說不會是感覺舒適的環境，但由於溫度太低麵團就無法完全發酵，因爲溫度低會讓麵團變得乾燥，所以在製作時要配合當天氣候與溫度，以空調等方式來調整。**唯一例外的是有加入奶油的麵團在揉捏時，最好還是要在涼爽、奶油不會融化的溫度下進行**。不管怎樣的情況下，乾燥都是需要避免出現的問題。還有麵團會因爲空調的風而快速變得乾燥，所以要特別注意。

## 揉麵前先「混合」

麵粉過篩後倒入碗裡，再放入其他材料，接著以刮刀稍微混合攪拌。這個動作是爲了在加入水之前，讓粉末顆粒保持細緻。

而在倒入水或牛奶等液體時，要在麵粉中央稍微弄出凹洞後加入，接著用刮刀快速攪拌均勻。這是讓水分充分擴散至麵粉整體的步驟，所以不需要用手揉捏，只要稍微混合即可。等到麵粉吸收水分之後，再將麵團取出放置在工作台上。

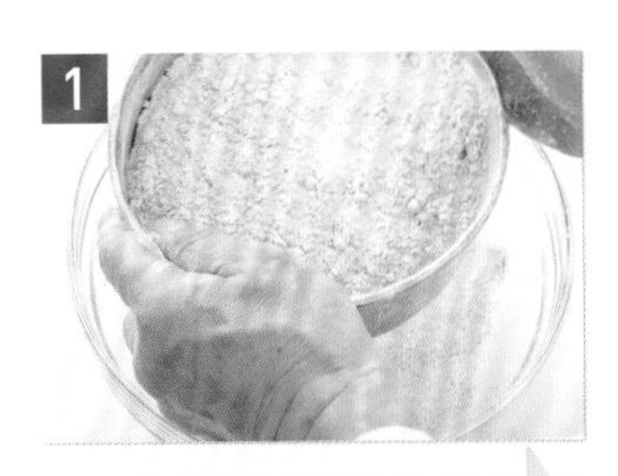


麵粉一定要過篩。麵粉在袋子裡會因爲會產生濕氣，使得顆粒與顆粒之間的空氣逐漸變少，而呈現結塊的狀態。因此可以藉由過篩的這個動作，將空氣帶入顆粒之間而讓麵粉鬆開。使用 2 種麵粉則是要先混合再過篩。

將麵粉與其他材料放入碗內。由於鹽會妨礙酵母粉的活動力，所以鹽放入的位置要遠離酵母粉。

混合攪拌至無結塊的狀態。

加入液體（水、牛奶和雞蛋等）攪拌。一開始以畫小圓的方式混合，接著將圓形逐漸擴大來混合攪拌。

等到表面還是粉末附著狀態，逐漸成形時就移至工作台上。

將麵粉揉捏在一起，很快就會成形。這個時候不要過度揉捏。

# 不要用力！配合節奏愉快地「揉麵」

接著要進入揉麵的步驟。日本因爲有手擀烏龍麵的飲食文化，所以容易讓人以爲做麵包同樣要用力揉麵，不過我認為應該是要溫柔對待麵團。**基本上要記住以下的2點**，本書中的麵包都是按這2種揉麵方式製作。前半爲麵團濕黏的揉麵階段，直到麵團不會沾黏工作台的後半段就可以改變揉麵方式。

本書內份量500g以下的麵粉都是採用手揉方式進行，不過這個份量比起手揉方式，還是利用**桌上攪拌機來揉麵，麵團組織會較為紮實**。但麵團份量較少時，攪拌機的力量會過強，所以要注意不要過度揉麵。

SPECIAL LESSON

## 2種揉麵方式

2種揉麵方式的差異在於麵團濕黏狀態（揉麵方式A），以及麵團不沾黏成形的階段（揉麵方式B）。2種方式都不適合用力，尤其是有使用中筋麵粉的麵團，只要利用手掌與麵團本身的力量來揉捏即可。不需要花費太多力氣，只要跟著節奏愉快進行！

## 麵團濕黏的階段 揉麵方式A

由於麵團爲柔軟濕黏的狀態，所以要先以兩手指尖操作。
一開始濕黏的麵團會因爲產生麩質，而逐漸變得不太會沾黏作業台。

1

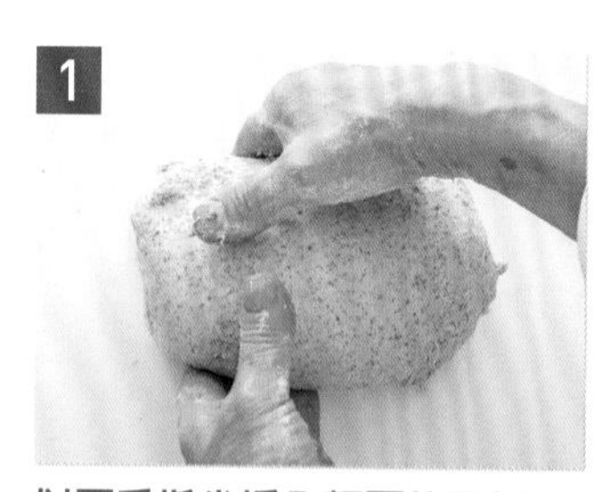

**以兩手指尖抓入麵團的兩側。**

因為麵團濕黏，為了不要讓麵團附著在手上，只要以指尖抓住麵團。這樣就不會輕易讓體溫傳導至麵團，也避免麵團的溫度上升。

2

**抬高至手肘高度。**

將麵團抬高至手肘高度，約和工作台距離20cm高。

3

**輕摔麵團後往上抬起。**

朝工作台輕摔，不要快速往下丟擲麵團。只要麵團碰撞工作台的即可，然後以這樣的力道稍微將麵團往上抬。

4

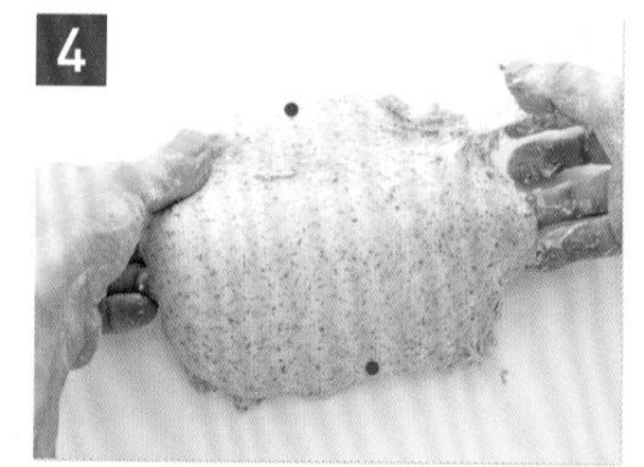

**直接將麵團對折。**

直接將麵團對折。然後回到1，每次抓住圖中麵團的紅點處，自然地變換麵團的方向並均勻揉捏。

### 共通點！

◉ 經常變換麵團的方向，揉麵時要注意厚度需保持均勻。

◉ 不要太用力，不能欺負麵團，要帶著「幫助對方成長」的想法來揉麵。

## 麵團大致成形的階段 揉麵方式B

麩質出現後麵團就能夠成形，當麵團不會沾黏工作台後，就能從「揉麵方式A」稍微用力讓麩質的筋性變強。基本上只需要用單手操作，按照這樣的揉麵方式進行，直到麵團不會沾黏至工作台和手上。經過多次的揉捏後，麵團表面會變得柔軟並產生光澤。

1

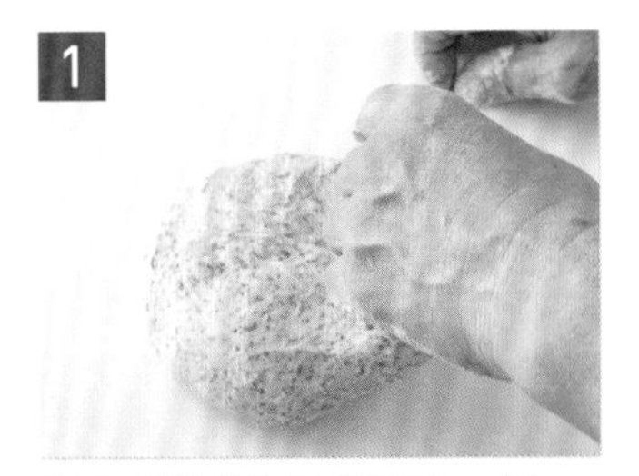

用左手指尖抓住麵團的一端。

為了不讓麵團的溫度上升，最好是以指尖操作。

2

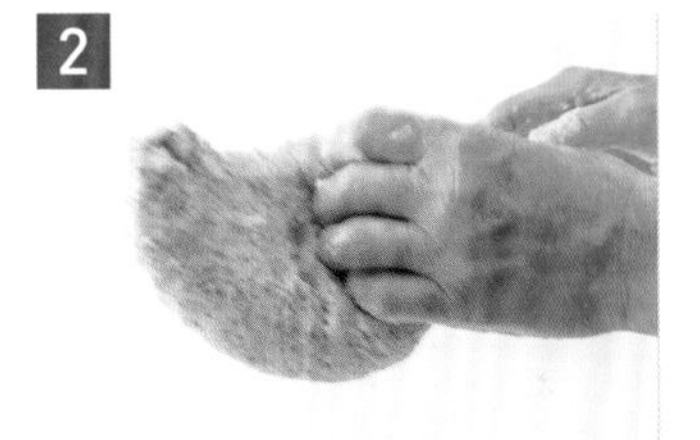

抓起麵團至手肘高度。

稍微用力抓起麵團，距離工作台 20 cm左右，大約是自己手肘高度的位置。

3

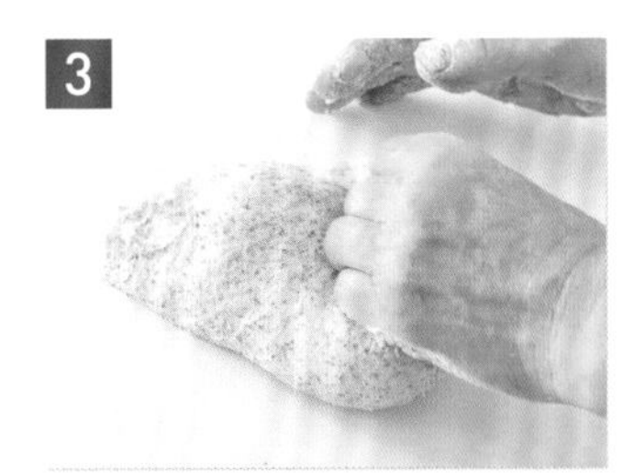

朝工作台摔打。

透過摔打動作可以增強麩質的附著性。雖然此階段比「揉麵方式A」的力道要來的大，但也不需要過度用力摔打。大概是手腕上往下轉動的力道即可。

4

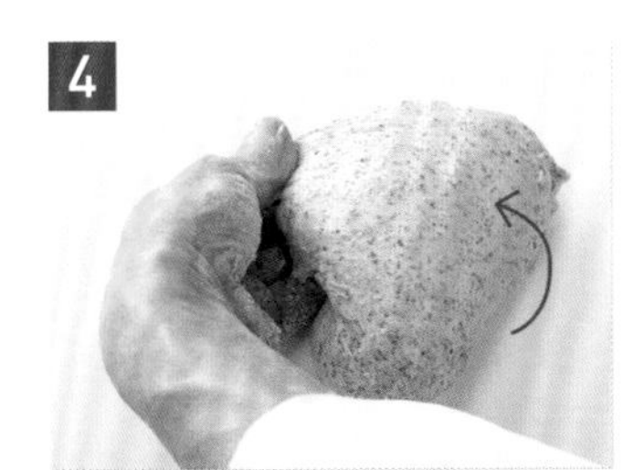

直接將麵團對折。

直接將麵團對折。然後步驟3的手腕再轉回上面，以這樣的節奏進行。

5

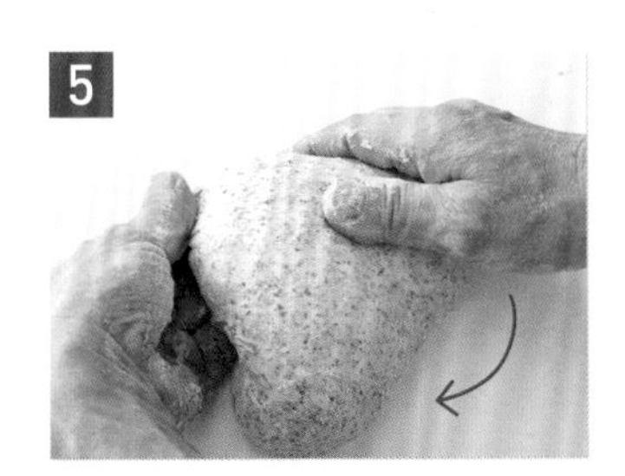

加上右手改變麵團的方向。

為了能均勻揉麵，以右手改變方向，然後再回到步驟1。如何變換麵團方向並無特別規定，只要以大約 90 度為標準來變換方向即可。

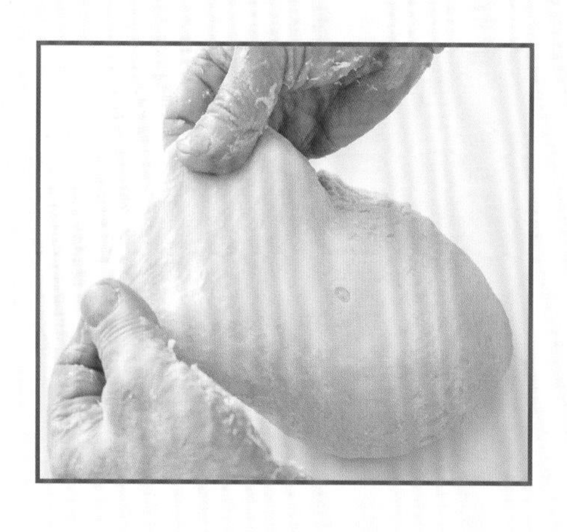

## 撐開麵團
## 確認揉麵程度！

**麵團要揉捏到不會沾黏手和工作台，表面變得柔軟並產生光澤感**。至於如何徹底確認麵團的揉捏程度，就是要以兩手抓住麵團的兩端，然後試著撐開。如果是呈現未斷裂的薄膜且沒有出現破洞的柔軟狀態，那就表示已經揉捏至確實產生麩質的程度。不過因爲法國麵包粉和高筋麵粉的麩質強度不同，所以麵團的延展程度也會有些許的差異存在。

## 揉捏麵團時的小技巧

### 比起「揉捏過度」，「揉捏不足」比較好

麵團會透過揉捏動作而產生麩質，但是麩質在之後的第一次發酵時，也會隨著時間自動形成。所以我認爲**在揉麵時，就算麩質沒有完全形成也沒關係**。比起花時間過度揉麵，看似好像揉捏不足的程度會比較適合。

### 還會黏手的麵團要趕快混合均勻！

麵團在揉捏的過程中絕對會沾黏在手上。所以**要趁著麵團還呈現濕黏狀態時，就要刮下手上沾黏部分將麵團混合均勻**。如果等到麵團乾掉變硬再混合，那麼麵團內就會留下顆粒結塊。麵團在混合時要將麵團撐開，放回手上的沾黏部分，然後將其包覆起來持續揉捏混合。

### 注意不要過度使用手粉

手粉（➡p.15）是在揉麵與成形時所使用的麵粉。因爲撒了手粉後再碰觸麵團，揉捏時會比較輕鬆，所以在使用上要有適度的份量，**由於手粉會逐漸被麵團給吸收，所以除非必要否則不要隨便使用**。手粉則同樣都是使用麵粉。

### 麵團加入奶油的情況

如果要製作像是布里歐麵包那種會加入奶油的麵團時，**因為奶油會妨礙麩質的形成，所以只需要某種程度上的揉捏來產生麩質即可**。

揉捏程度要達到不會沾黏工作台，但是卻還是會沾黏手的狀態。如果說完整的揉捏程度爲 10，那麼就是在揉捏程度到達 6 成的狀態。因爲如果再繼續揉麵，就會讓麵團的麩質變得強壯而產生彈性，這樣奶油就不容易均勻混合。

還有奶油在冰冷堅硬的狀態下也無法與麵團結合。不過若是奶油過軟則會讓麵團變得鬆弛，**所以奶油要先放在室溫下一段時間，最好比麵團還要低（2~3℃）的冰涼程度時使用**。

標準是以手指能夠輕鬆按壓奶油的軟硬度。

將奶油弄碎放在麵團上，並將其包覆後進行揉捏動作。

## 確認揉麵溫度來改變接觸麵團的方式

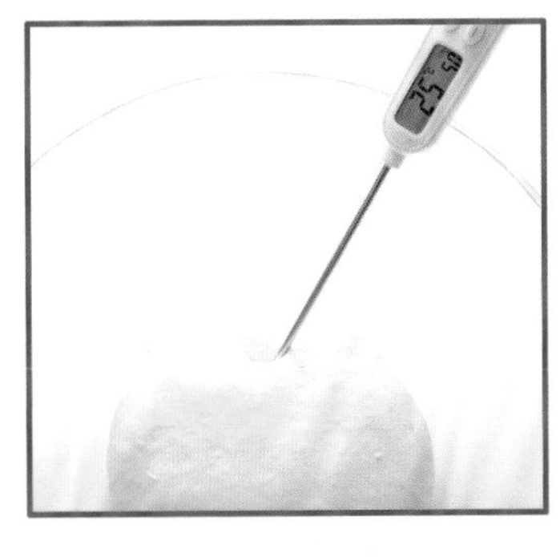

一定要測量麵團的揉捏溫度。專業的麵包師傅會依照麵包的種類來設定揉麵溫度，本書則是將內容簡化爲讓各位比較容易理解的程度，所以基本上都設定爲「25℃」（部分例外會標明溫度）。**而這個溫度並不代表麵團的好壞，而是作為最適合的揉麵溫度標準，目的在於能配合之後的步驟來進行調節。**

而且在熟悉了做麵包的流程後，還要先考慮當天氣溫等因素，**做好揉麵溫度過高或過低時的準備。要是預測揉麵溫度過高，那最好是在前一天將麵粉放入冰箱冷藏。**使用冷水和冰水則是會造成麵團組織鬆散，所以不建議這麼做。**要是預測揉麵溫度過低，那就要提高室內溫度。**

尤其像法國麵包和長棍麵包這種沒有砂糖的麵團，只要有1℃的揉捏溫度差異，就會導致後面的發酵狀態出現極大的差異。

**比25℃高的情況**

縮短第一次發酵的時間，輕輕地擠壓空氣。

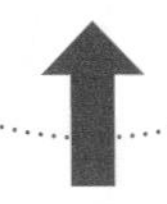

**比25℃低的情況**

拉長第一次發酵的時間，用力地擠壓空氣。

## 3 「第一次發酵」是醞釀美味關鍵的重要過程

第一次發酵是做麵包過程中最重要的步驟。但若只是爲了提升膨脹效果，選擇增加酵母粉的份量而縮短發酵時間，這麼做不會讓麵包變得好吃。所以最好是以少量的酵母粉來確實進行發酵，因爲這才是讓麵包產生美味因素的關鍵。

**在這段時間當中，麵團裡的酵母會頻繁地活動，發酵的前半段會產生二氧化碳使得麵團膨脹，到了後半段則是會產生提升麵包美味的酒精以及有機酸。還有揉捏的步驟所形成的麩質，也會隨著時間結合得更為緊密，並增加柔軟度。**

將麵團整成圓形，接合處朝下放入碗裡。保鮮膜撒上手粉，將此面朝下寬鬆地覆蓋住碗，移至溫暖處進行第一次發酵。就如同一開始所提到的，對麵團來說乾燥是最大的敵人。一旦表面變乾燥，外皮就無法延伸，麵團也就沒辦法膨脹。覆蓋保鮮膜時，為了不要擠壓到麵團的膨脹能力，所以務必要寬鬆覆蓋。

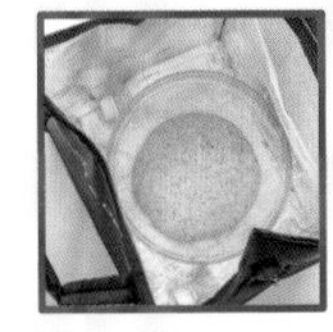

### 調整發酵環境

發酵溫度為28~30℃，濕度60~75%是麵團發酵的理想環境，不過要在家中做到這種程度是有些困難。所以如果烤箱有發酵功能那就可以直接使用。另外，本書也有使用保溫袋來打造出適合發酵的環境（➡p.15）。只要是能夠控制好溫度與濕度的方法也都可以使用。

# 4 「擠壓空氣」是將麵團的狀態重新整理

### 第一次發酵的基準爲手指插洞測試！

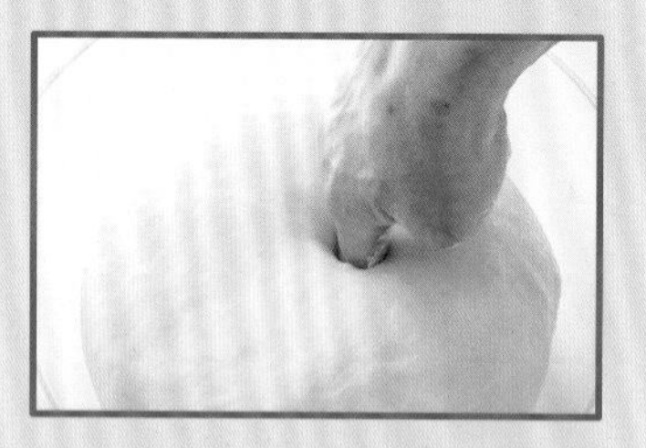

當麵團膨脹至 1.5 倍大就表示第一次發酵已經結束。但不只要注意時間，也必須觀察麵團的膨脹程度來做判斷。此外，還有會經常會出現在製作流程中的手指插洞測試。就是手指沾上手粉，插入麵團後再抽出的動作。如果孔洞沒有變形就是好的發酵狀態，但要是孔洞縮回，那就表示發酵不足，還需要再稍微持續進行發酵。如果孔洞呈現塌陷狀態，那就代表已經過度發酵。

擠壓空氣的目的在於將**發酵時所產生的二氧化碳排除，帶入新鮮的空氣使得酵母的活動力能夠重整，同時讓麵團中的氣泡能變得大小一致**。

雖然目的是排除二氧化碳，但是卻不想讓成爲麵包好吃來源的香氣成分或是酒精同時消失無蹤，所以首先要以兩手按壓麵團擠出空氣，之後以折疊方式來讓香氣成分與酒精不要消失，這就是擠壓空氣的重點。至於擠壓空氣的力道強度，則是要視麵包的種類來變化，有些種類的麵包甚至不需要進行擠壓空氣的動作。

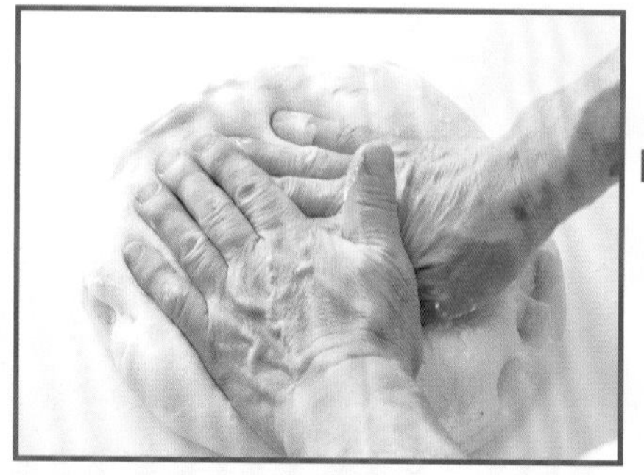

第一次發酵的途中，等到麵團膨脹至 1.5 倍大就可以擠壓空氣。將碗翻過來取出麵團放在工作台上，兩手輕壓將空氣擠出。

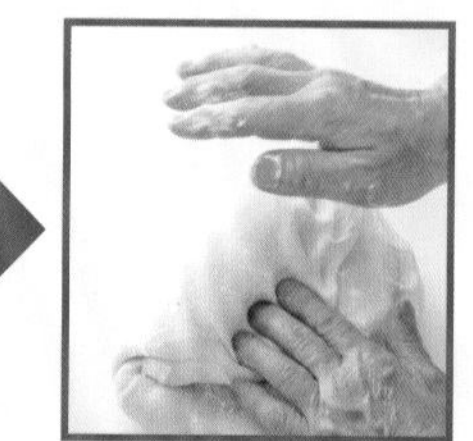

從周圍折疊麵團後，搓揉成圓形再放回碗裡，擠壓空氣後的麵團會恢復發酵前的大小。接著寬鬆地覆蓋保鮮膜，再繼續進行第一次發酵。

# 5 「分割」訣竅在麵團大小比預定大一些

麵團是越多次的碰觸就會產生越強勁的筋性，所以在分割時也要小心碰觸，不要隨便切割，最好是分割爲少量的個數。由於在分割期間麵團還是持續再發酵當中，所以分割時要迅速。

對專業人士而言，分割時要精準達到某個重量也不是件簡單的事。**所以訣竅就是切割為比預定再大一點的大小與份量。因為若是分割太小，還要再分好幾次增加麵團重量，容易導致麵團形狀鬆散，還會影響到之後塑形的難易度。**

結束第一次發酵的麵團，接著將碗翻過來把麵團放在工作台上的動作很重要。因爲這樣麵團的底部就會朝上。接著以兩手輕輕地擠壓出空氣，以包覆麵團上方的方式整成好分割的形狀，也就是將發酵時工整的上方作爲麵團表面。

使用刮板分割出稍微大一些的麵團，接著測量重量調整麵團大小。圖左為對的方式，圖右則是會在塑形時遇到困難。分割後的麵團要將工整的一面朝向外側，並搓揉成接近麵包的外型。將接合處朝下，托盤撒上薄薄一層手粉，留些空隙擺放麵團。

# 6 「靜置時間」讓麵團與做麵包者能夠稍作調整

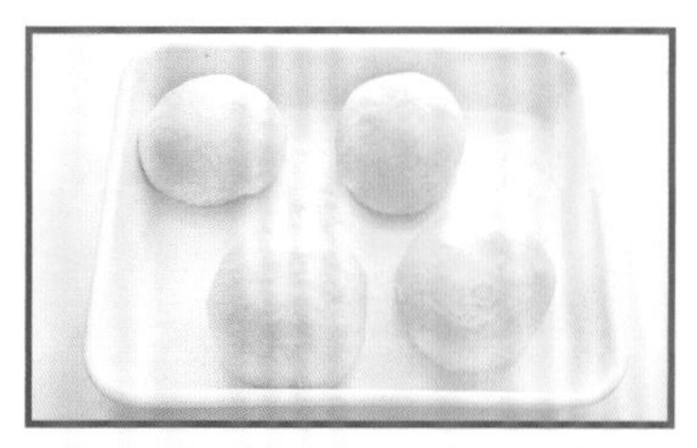

將麵團間保持距離擺放在托盤上。接著寬鬆地覆蓋灑有手粉的保鮮膜，將麵團移至溫暖處靜置休息。

**麵團的彈性（筋度）很強的狀態？**

**拉長**靜置時間，
麵團組織從鬆散到成形狀態。

**麵團組織顯得鬆散（脆弱）的狀態？**

➡ **縮短**靜置時間，
趕緊進入麵團的成形階段。

靜置時間對於分割後的麵團而言是給予休息的時間，就是讓麵團可以做調整的過程。其實麵團是會受到各式各樣的影響，在發酵後呈現出不同的狀態。所以靜置時間就是作爲之前步驟有出現揉捏過度、揉捏不足、發酵過度、發酵不足的調整時間。即便是揉捏溫度過高，又或者是發酵時間超過或不夠，在這個時候都可以達到彌補的效果。而這正是做麵包有趣的地方，某些部分還是需要有經驗的累積。不過一旦熟悉了做麵包的流程，就能夠輕鬆判斷出麵團的狀態，所以**請以 20 分鐘的靜置時間為標準來自行調整**。

# 7 仔細觀察「成形」～「最後發酵」階段的麵團狀態

每個麵團都進入到成形階段，在烤盤上留些間距擺放。接著從上方寬鬆地覆蓋灑有手粉的保鮮膜，並移至溫暖處進行最後發酵。

由於麵團在成形階段也持續地進行發酵，所以必須迅速作業來進入到最後發酵步驟。而最後發酵的判斷基準是麵團膨脹至 2 倍大左右的程度，不只是要注意時間，請務必同時確認麵團的狀態。因爲這個時候的麵團裡，應該充滿了能提升麵包美味程度的香氣成分和酒精。

# 8 「烘烤」～麵包出爐！

烘烤溫度是使用烤箱的預熱溫度。預熱基本上是與烘烤溫度設定相同，但是部分需要高溫烘烤的麵包，有時候預熱溫度會比烘烤溫度還要高。不過由於每個家庭所使用的烤箱效能不同，在習慣烤箱使用方式前，請設定爲表記的溫度與時間，然後在烘烤時也要查看麵團的狀態。要注意的是一旦將烤盤放入烤箱，就盡量不要在途中打開烤箱，因爲這個舉動會讓內部的溫度大幅度降低，產生不好的影響。

烘烤完成的麵包不要繼續放在烤盤上，而是要立刻移至鐵網上放涼。雖然是剛出爐的麵包，但我還是覺得降溫後才是最好吃的狀態。因爲麵包還有些熱度，水分也沒有完全蒸發，這樣根本就還聞不出香氣。所以要等到麵包放涼後，再放入合適的紙袋或是布袋等保存袋內。

### 蛋液能呈現出更完美的烤色

爲了提升麵包的烤色與光澤，有時候會在烘烤前塗抹蛋液。本書食譜基本上都使用整顆雞蛋打散的蛋液，在其中只有「丹麥麵包」種類（➡p.92~99）特別注意烤色，所以蛋液是以蛋黃 2 對水 1 的比例調和。塗抹在麵團上時，以毛刷先塗抹 1 次，等待 1 分鐘大致變乾後，再塗抹 1 次蛋液。由於家用烤箱的火力較弱，所以不易烘烤出漂亮的色澤，不過只要透過塗抹 2 次蛋液的動作，就一定能提升烤色效果。另外注意不要按壓到膨脹的麵團，輕輕地塗抹就好。

# 本書在製作麵包時所使用的主要材料與工具

## 材料

### 【麵粉】

#### 高筋麵粉

需要利用麩質的強大力量來讓麵團膨脹的麵包等都會用到高筋麵粉。這裡是使用「Super Camellia」。

#### 法國麵包粉

不想要有強壯麩質的麵包，或不需要擁有像高筋麵粉那樣的麩質力量的麵包，就可以使用法國麵包粉。這也是在本書食譜中最常拿來使用的麵粉，這裡是使用「LYS D'OR」。

#### 中筋麵粉

和法國麵包粉一樣都是不想要有強壯麩質的麵包時使用，本書當中的鄉村麵包和田園麵包就是使用中筋麵粉。為了讓成品與法國當地的味道與香氣相似，選擇使用 100% 法國產小麥磨製的「TERROIR pur」。

※ 使用的麵粉全都是日清製粉的產品。

#### 選擇麵粉的秘訣！

本書各種麵包的材料表都有記載所使用的麵粉商品名。若是要使用本書所記載以外的麵粉，最好選擇「粗蛋白」與「灰分」含量相近的產品。粗蛋白是數值越高就能產生越強的麩質，至於灰分則是含量越多越能提升風味。

| | 粗蛋白 | 灰分 |
|---|---|---|
| Super Camellia | 11.5% | 0.33% |
| LYS D'OR | 10.7% | 0.45% |
| TERROIR pur | 9.5% | 0.53% |

### 【速發酵母粉】

使用不需要事前發酵的速發酵母粉，可以直接與麵粉混合使用。本書食譜全都是選用 LESAFFRE 公司所生產的「紅」速發酵母粉，不論是沒有加入砂糖的法國麵包，或是吐司都完全適用。

### 【麥芽精】

因為具備提升酵母活動性，幫助麵團在烘烤時呈現漂亮烤色的效果，所以會加在沒有砂糖且組織紮實的麵包裡。雖然說沒有加入麥芽精也能做出麵包，但由於家用烤箱的火力較弱，為了能夠讓麵包產生跟麵包店一樣的烘烤色澤，建議還是要加入麥芽精。另外因為麥芽精是屬於有黏性的麥芽糖狀，所以要先加入少許水分混合，在使用上會比較方便。

### 【鹽】

不只是為了平衡味道而加入鹽，同時還具有能緊緻麵團的效果。雖然說因為添加的量很少，所以不論是使用什麼鹽都沒關係。但由於濕黏的鹽會導致混合不均勻，所以盡量還是選用質地乾爽的鹽。

### 【砂糖】

添加甜味且能夠促進酵母的活動性，還能讓麵團烘烤時容易上色。因為添加的量不是很多，所以不論是上白糖、細砂糖、三溫糖或黑糖都可以選用。請使用平常就有在使用的糖就可以。

### 【奶油】

加了奶油的麵團延展性會變好，還會產生光澤，變成濕潤且柔軟的麵團。當然還會飄散出香味與提升麵包的美味程度。本書使用的是無鹽奶油。

### 【水】

使用一般的開水。如果是有安裝淨水器，硬水和軟水當中，還是硬水能讓麵團發酵比較穩定。

## 工具

### 【烤箱】

本書所介紹的麵包全都是使用家用烤箱烘烤而成（烤盤的大小為 41㎝× 29㎝）。不過由於烤箱的火力加熱程度會有所差異，必要時還是得透過在烘烤途中變換烤盤方向等方式來做調整。

至於本書中標明需要進行蒸烤的法國麵包麵團（➡p.18~31）、鄉村麵包麵團（➡p.102~111）、田園麵包麵團（➡p.112~119）等在進行烘烤時，要在托盤內倒入大量熱水，再放入烤箱底層預熱，然後在托盤放入烤箱的情況下烘烤麵團。家用烤箱與專業烤箱最大的差別就在於蒸烤功能，所以利用這個方法就能在烤箱內充滿蒸氣的情況下烘烤。托盤的部分則是要選用琺瑯等耐熱性材質。

### 【工作台】

麵團的揉捏、分割與成形都是在工作台上進行。但若是面積過於狹窄，就不方便執行這些動作，因此面積最好是要有寬度 50㎝×深度 40㎝大小。建議最好使用木製的工作台，或是在家中桌子和廚房鋪設塑膠墊的方式也沒問題。至於不鏽鋼和大理石的工作台，由於溫度較低，所以除了用來進行可頌麵團的折疊與成形階段以外就盡量不要使用。

### 【碗／托盤】

碗是在一開始麵粉與水分混合，以及第一次發酵時會使用。由於本書的食譜是以 500g 的麵團為基準，所以直徑 25㎝的碗使用上會比較方便。托盤則是方便麵團靜置休息。本書內容在烤箱進行蒸烤時也會使用到（上記）。

### 【溫度計／秤子】

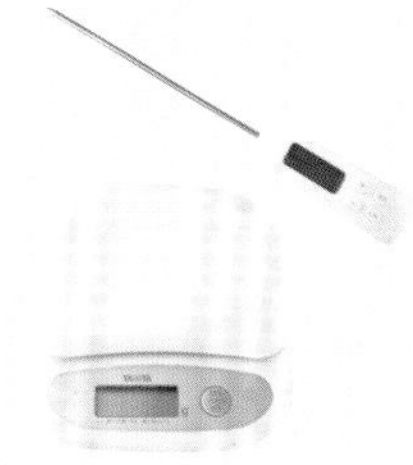

要測量麵團的揉捏溫度。以工具測量既快速又正確，使用電子溫度計會較為方便。秤子的部分除了計算重量以外，分割時也要測量重量，建議還是使用電子秤。

### 【刮板】

分割麵團時使用。當麵團沾黏碗或是工作台時，也可以用來刮除沾黏部分，讓麵團恢復完整狀態。

### 【保溫袋】

為了維持第一次發酵、靜置時間與最後發酵的溫度與濕度，而將蛋糕用的保冷袋作為「保溫袋」使用。要選用可以放入碗和托盤的大空間尺寸。將裝有麵團的碗和托盤放入，然後一旁再擺放 2 個裝有 500ml 熱水的耐熱寶特瓶。

### 【保鮮膜】

在第一次發酵、靜置時間、最後發酵的階段，為了不讓麵團表面變乾燥，所以會覆蓋保鮮膜。保鮮膜上稍微撒上手粉，這一面朝下蓋住麵團。不過由於保鮮膜會影響麵團的膨脹，所以要寬鬆地覆蓋在碗、托盤和烤盤上。可以將較厚的塑膠袋剪開作為保鮮膜使用。

### 【布】

部分的麵團在成形後會擺放在布上進行最後發酵。所以質地堅固織線較緊密的帆布最為適合，或使用普通的布巾也可以。織線較寬鬆的布容易沾染麵團，所以要多灑一些手粉後再擺放麵團。

### 【割紋刀】

小型長棍麵包和鄉村麵包烘烤前劃下刀痕時使用。刀痕的部分會在烘烤過程中脹大，而讓外皮與麵團都能薄薄地向外延展，經烘烤過後產生爽口感。雖然有在販賣麵包專用的割紋刀，不過使用剃刀的替換刀片也可以。

### 手粉

這是在工作台上揉麵以及成形時，爲了不要讓麵團沾黏時會使用。還有在靜置時間使用的托盤、最後發酵使用的布，以及烘烤前等情況都會撒上麵粉。一般都會使用與麵團材料相同的麵粉，在麵團有 2 種麵粉混合的情況下，高筋麵粉或是法國麵包粉都可以使用。但是使用過多的量會影響麵團，所以還是適量就好。

# 本書的使用方式

爲了讓各位能夠確實做出好吃的麵包，在這邊要介紹本書食譜的使用方式。

麵包烘烤完成的實品範例。麵包的烤色與質地等，都要以這張圖片作爲標準。而食譜頁則是都有標明麵包的大小與外型尺寸。

配合家用烤箱大小，
烘烤出長度40cm的小尺寸。

小型長棍麵包

Petite baguette

麵包的由來、美味的重點、師傅的想法、製作的訣竅以及吃法提案等，記載了許多師傅想要說的話。特別重要的部分有用黃色標明，在閱讀時請注意。

針對材料表以及特別給予意見的材料，師傅都有整理出介紹的說明。而且也有標明製作麵包前必須做的事前準備與工具。

標明了麵包的製作順序、發酵時間、溫度等步驟。開始製作前要閱讀這個流程，這樣才能確實掌握麵包製作的時間與階段。

做法是寫在圖片的下方，大致上分成3個步驟。首先是黃色標線的部分可以大致瞭解全部的內容。接著是標題下方的細部解說，然後下方對話框當中的茶色文字則是師傅給予的意見和評論。這些內容對於平常沒有在記錄食譜的人來說相當重要，請各位務必善加利用。

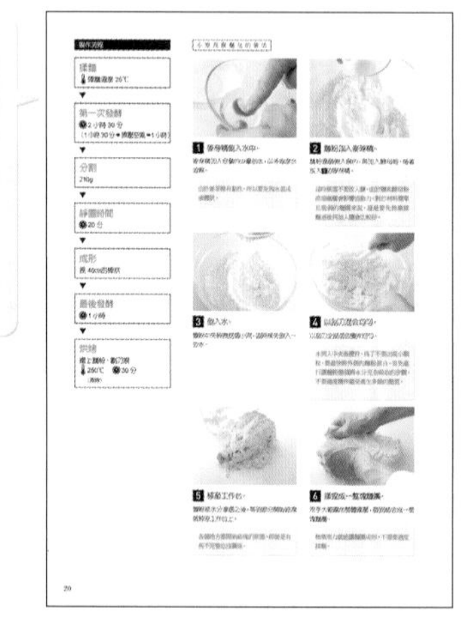

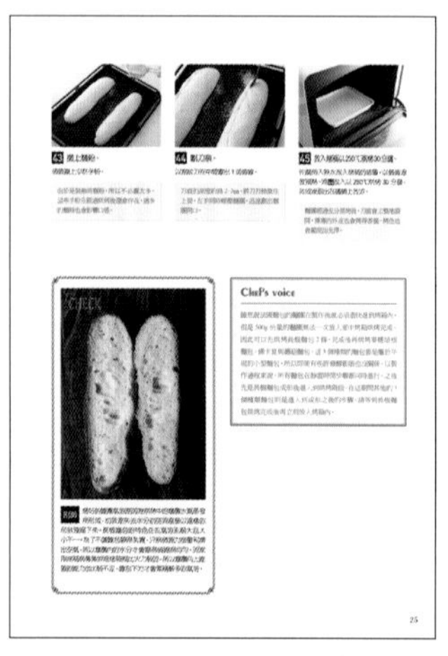

Chef's voice

有關做法無法詳述的部分，像是較難的技巧、麵包種類的創意發想，及一些小重點等等，內容都有統整介紹。

PART 1

# 法國麵包
# 麵團

使用簡單材料，在家中就能烘烤完成的人氣麵包。

說到最能展現麵包師傅專業程度的就是法國麵包的麵團了。

接下來藤森師傅要示範如何只要稍微按壓，

就能做出讓人驚嘆的麵團方法。

首先將肩膀的力量稍微放鬆開始動手做吧！

配合家用烤箱大小，
烘烤出長度 40㎝的小尺寸。

# 小型長棍麵包

## Petite baguette

### 溫柔對待敏感脆弱的麵團。

法國麵包真正的名稱是「pain traditionnel」，這是法國從以前就很受歡迎的傳統麵包，我認為就等同於日本人心中「白飯」那樣重要的存在。就跟剛煮好的白飯一樣，因為只需要麵粉、酵母粉、水、鹽這些簡單的材料，就能做出每天吃都吃不膩的美味麵包。

**雖然材料簡單，不過這也表示麵團本身相當敏感。不但很容易受到揉麵方式與溫度等因素影響，而且在製作過程中還必須隨時注意麵團狀態。**

### 麵粉的味道、口感與香脆的外皮

應該有很多人曾經想要「在家中做出美味法國麵包！」，要達到這樣的目標，其實有許多的技巧存在，接著就以**凸顯麵粉味道、口感輕盈、外皮香脆的這 3 點來做說明**。麵團的味道是需要花時間發酵醞釀而成，而材料部份也只加入了最少量的酵母粉，所以需要在適合發酵的環境下慢慢地等待發酵完成。再來是為了讓口感保持輕盈，關鍵就在於揉麵過程。由於麵包的骨架是麩質所構成，但要是有過多的麩質產生，口感就會變得相當紮實，而失去了法國麵包應有的輕盈口感。所以要捨棄用力揉麵的舊有觀念，試著溫柔地去揉麵。最後是要烤出香脆外皮，就要讓經過高溫加熱的麵團產生二氧化碳而一口氣膨脹變大，同時利用蒸氣幫助麵團的表面保持濕度，重點在於如何讓麵團能產生良好的延展性。烤箱要以最高溫預熱，然後按照 p.15 介紹的方法讓烤箱內充滿蒸氣。接著就來試做吧！

**材料**
(可做 850g 麵團的份量：長棍麵包 2 條、麥穗培根麵包 1 個、佛卡夏 1 個、蘑菇麵包 2 個)

法國麵包粉 (LYS D'OR) …… 500 g
速發酵母粉 …… 3 g
麥芽精 …… 1g
水 …… 335 g
鹽 …… 10 g

麵粉的部分為了避免麵團產生過多的麩質，所以使用了法國麵包粉。以這樣的份量製作，就能做出以上列出的小型長棍麵包 2 條、麥穗培根 2 個 (➡p.26)、佛卡夏 1 個 (➡p.28)、蘑菇麵包 2 個 (➡p.30)。製作步驟請參考 p.25 的Chef's voice。

**事前準備**

- 在托盤倒入大量熱水，然後再放入烤箱底層預熱。
- 預熱溫度設定為烤箱的最高溫度。

**特別準備物品**

布（最後發酵時使用）、麵團移動板（墊子等切割成約 40㎝×15㎝的大小備用）、濾網、割紋刀

## 製作流程

**揉麵**
揉麵溫度 25℃

▼

**第一次發酵**
2 小時 30 分
（1小時30分➡擠壓空氣➡1小時）

▼

**分割**
210g

▼

**靜置時間**
20 分

▼

**成形**
長 40㎝的棒狀

▼

**最後發酵**
1 小時

▼

**烘烤**
撒上麵粉、劃刀痕
250℃　30 分
（蒸烤）

## 小型長棍麵包的做法

### 1 麥芽精倒入水中。

麥芽精加入份量內少量的水，以手指混合溶解。

由於麥芽精有黏性，所以要先和水混成液體狀。

### 2 麵粉加入麥芽精。

麵粉過篩倒入碗內，再加入酵母粉。接著放入1的麥芽精。

這時候還不要放入鹽。由於鹽和酵母粉直接碰觸會影響活動力，對於材料簡單且脆弱的麵團來說，還是要先稍微揉麵過後再加入鹽會比較好。

### 3 倒入水。

麵粉中央稍微挖個小洞，這時候先倒入一些水。

### 4 以刮刀混合均勻。

以刮刀全部混合攪拌均勻。

水倒入中央後攪拌，爲了不要出現小顆粒，要盡快將外側的麵粉混合。首先進行讓麵粉整個將水分完全吸收的步驟，不要過度攪拌避免產生多餘的麩質。

### 5 移至工作台。

麵粉被水分滲透之後，等到部分開始結塊就移至工作台上。

各個地方都開始結塊的狀態，即便是有些不完整也沒關係。

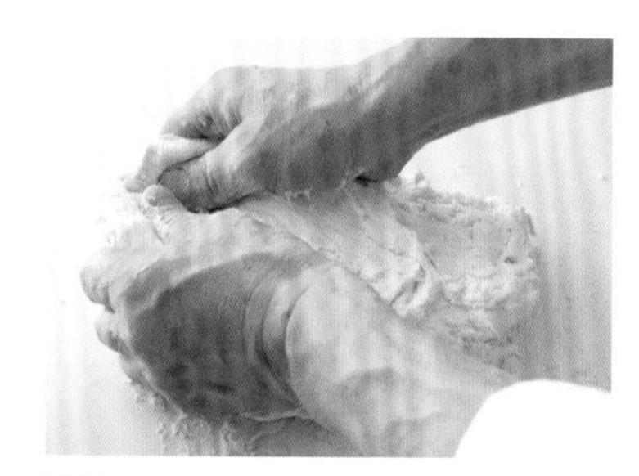

### 6 揉捏成一整塊麵團。

用手大範圍地整體揉壓，直到結合成一整塊麵團。

稍微用力就能讓麵團成形，不需要過度揉麵。

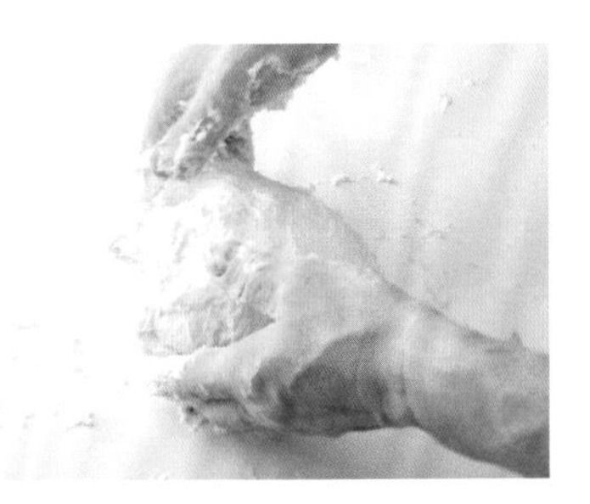

## 7 朝工作台小力摔打。

以兩手的手指抓住麵團兩側，朝工作台摔打。按照「揉麵方式Ⓐ」(➡p.8)。

雖然是摔打動作卻不需加大力道，只要用到讓麵團直接落在工作台上的力量。不用力揉麵也能讓麵團確實產生必要的麩質。

## 8 麵團對折。

摔打麵團之後，直接對折。重複7～8的步驟。

與其說是揉麵動作，其實較接近讓麵粉吸收水分，麵團呈現完全無乾燥部分的階段。

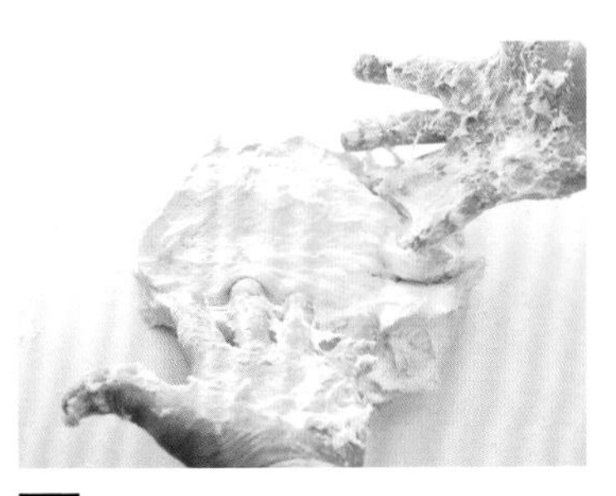

## 9 放入鹽的時間點。

要在麵團已經不會沾黏工作台，但還會沾黏在手上的階段放入鹽。

這時候差不多是揉捏到6成的階段，要是等到產生麩質後才加鹽，會導致麵團不容易均勻混合。

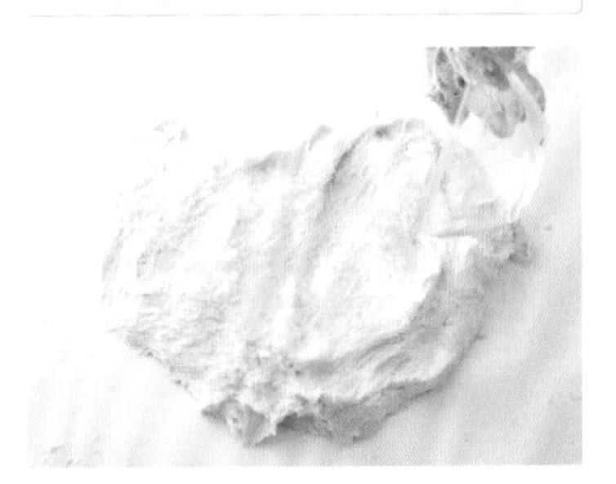

## 10 攤平麵團後放上鹽。

將麵團攤開後撒鹽。

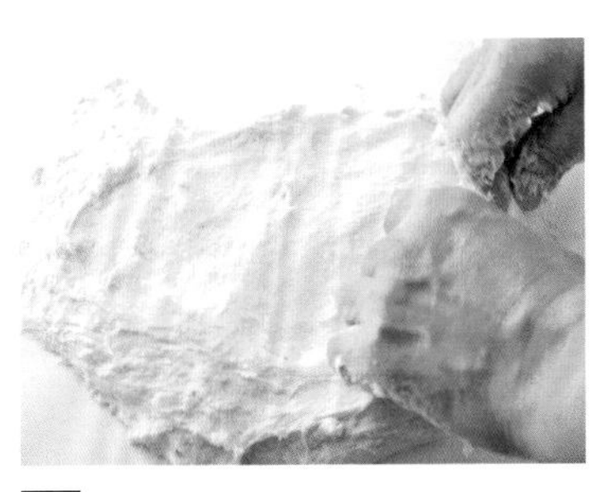

## 11 將鹽包覆。

麵團將鹽包覆起來。

這樣鹽就不會散落在工作台，能在乾淨的環境下持續揉麵。

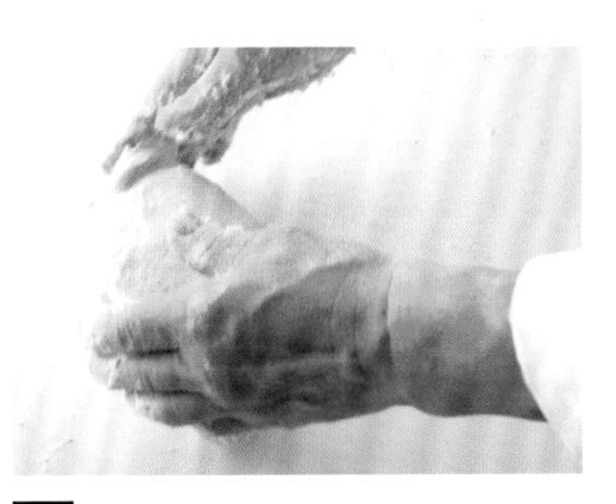

## 12 以相同方式揉麵。

按照7～8同樣方式揉捏麵團。

讓鹽均勻擴散至整個麵團，全部都均勻混合。

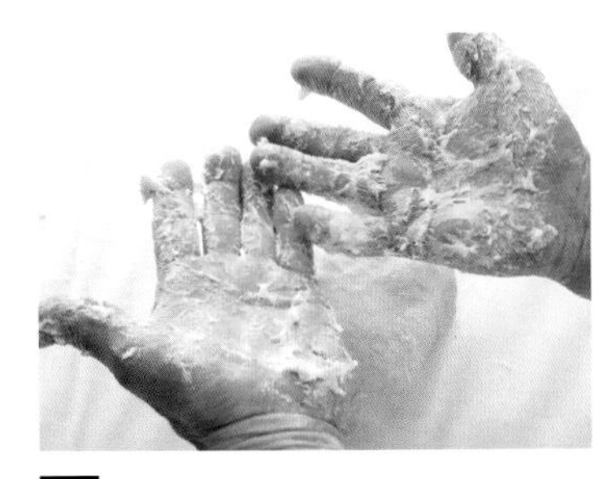

## 13 揉捏至8成後改變揉麵方式。

麵團表面還留有大部分柔軟組織，還會沾黏在手上的狀態。這個時候就要改變為「揉麵方式Ⓑ」(➡p.9)。

這是揉捏到8成的階段。因為要在最後強化麩質，所以在此時更改揉麵方式。

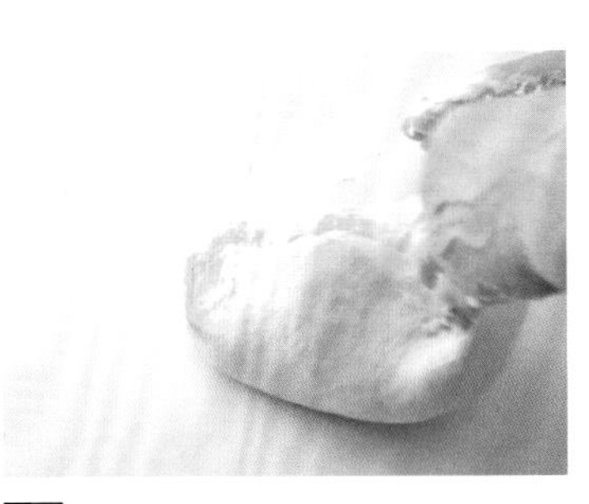

## 14 拿起麵團。

單手抓起麵團的前端，舉高至手肘位置。

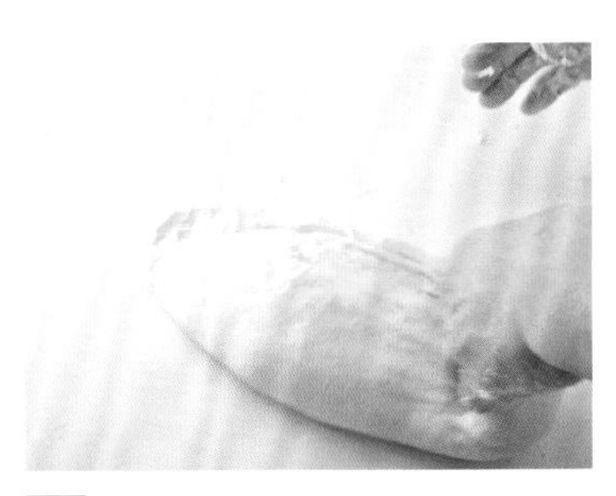

## 15 朝工作台小力摔打。

自然地轉動手腕朝工作台摔打。

稍微施力至手腕自然轉動的狀態。太大力揉麵會導致麩質過度增生，而失去法國麵包應有的輕盈口感。

接續p.22

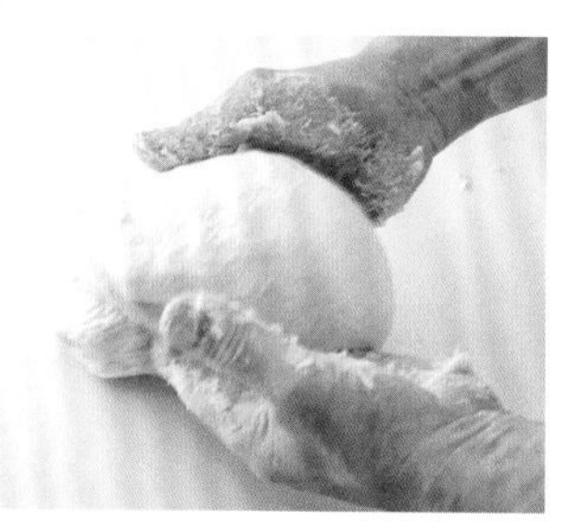

## 16 麵團對折。

麵團直接對折，同時用右手改變麵團方向，並重複14～16的步驟。持續揉麵直到麵團不黏手，表面變得柔軟並產生光澤。

改變麵團方向的同時，也別忘了要均勻按壓麵團。

## 17 確認揉麵程度。

以兩手撐開麵團，呈現某種程度延展性的薄膜狀態。

製作法國麵包時，要注意不要過度揉捏導致麩質出現，而是要在麵團的薄膜能夠伸展到很薄的程度時就要停下動作。

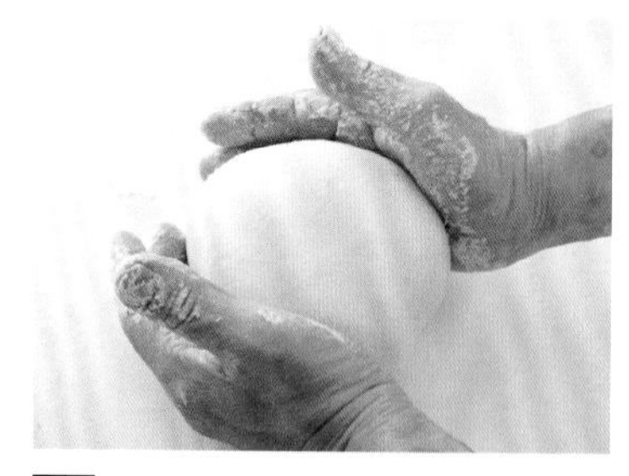

## 18 麵團搓揉成工整的圓形。

將表面搓揉為平滑的漂亮圓形。

兩手拿著麵團以下方為中心轉動搓揉成圓形，這樣可讓表面平順地延展，就能夠以下方中心作為接合處。

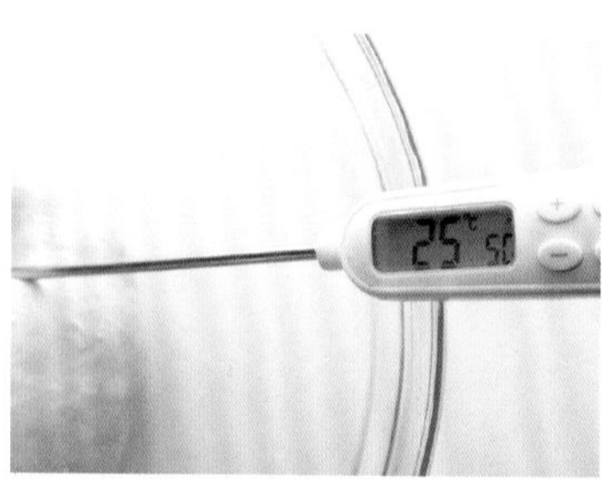


## 19 測量麵團溫度。

將麵團接合處朝下放入一開始使用的碗裡，並測量麵團溫度。

麵團的理想溫度為25℃。

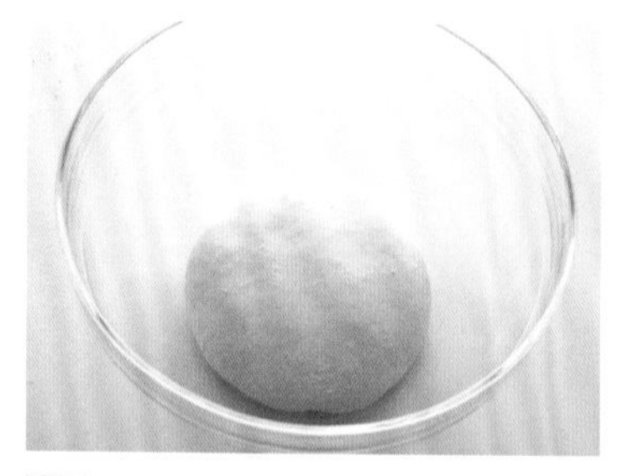

## 20 第一次發酵時間2小時30分。

朝碗裡撒上手粉，再寬鬆地覆蓋保鮮膜，接下來移至溫暖處進行2小時30分的第一次發酵。

為了讓酵母能充分發揮活動力，要在溫暖且潮濕的環境下進行發酵。

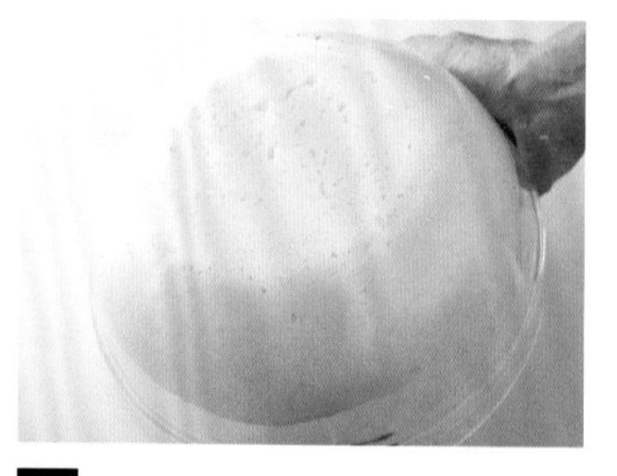

## 21 途中的1小時30分擠壓空氣。

在發酵途中的1小時30分，把碗翻過來取出麵團來擠壓空氣。

從碗的底部會看到麵團產生許多的氣泡，這就是有確實發酵產生二氧化碳的證據。

## 22 放置在工作台。

從碗裡取出的麵團為底部朝上，以這樣的狀態直接擠壓空氣。

麵團現在正逐漸成長為有香氣的麵包，所以請務必聞聞看這樣的香氣。為了不要讓香氣消失，記得要確實進行擠壓空氣動作。

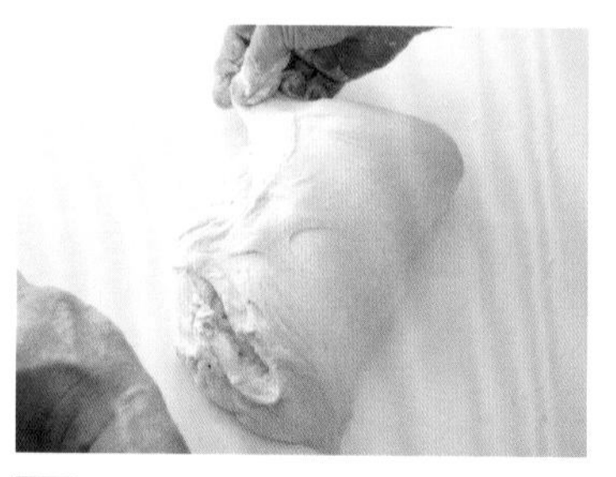

## 23 排出氣體。

將麵團放在工作台上，接著往前捲起包覆，兩手稍微用力擠壓空氣。

由於法國麵包的麵團相當脆弱，所以在擠壓空氣時要溫柔一些。

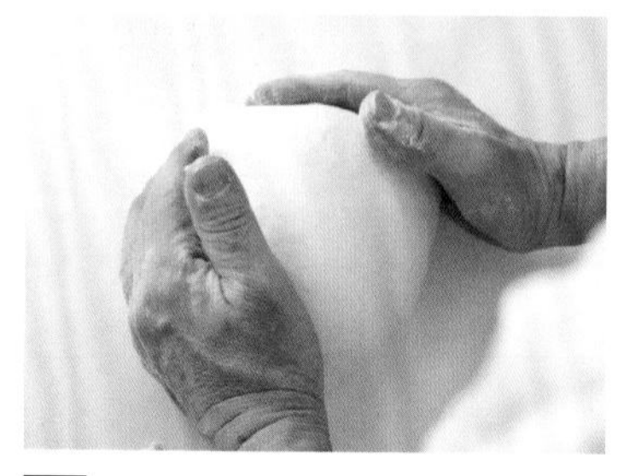

## 24 整成漂亮的圓形。

整成漂亮的圓形。

適度將氣體排出，但並不想因此失去成為麵包美味關鍵的香氣與酒精成分，所以在排出氣體後要將麵團包覆成圓形。

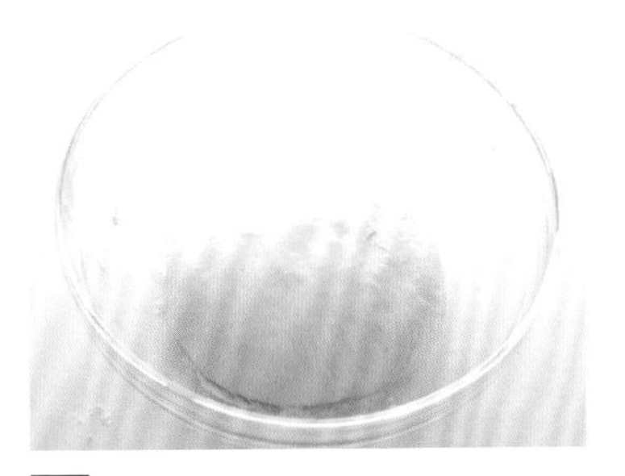

## 25 接著再發酵1小時。

將麵團接合處朝下放回碗內，並寬鬆地覆蓋保鮮膜，然後再發酵 1 小時。

這個時候的麵團，因爲已經去除了內部膨脹的氣體，所以會恢復成發酵前的大小。

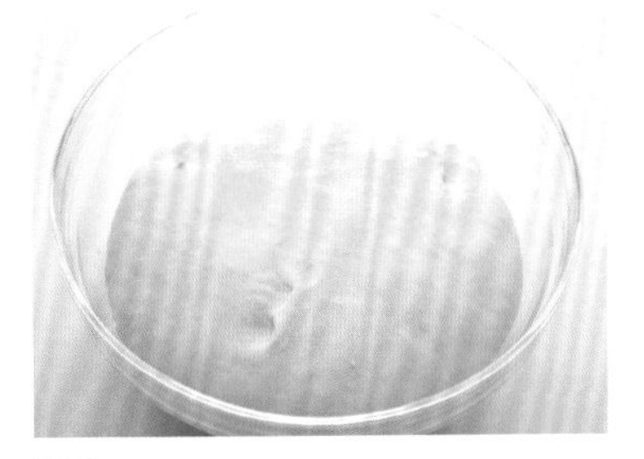

## 26 第一次發酵完成。

結束第一次發酵。

要以比起發酵前膨脹了約 1.5 倍大作爲標準。

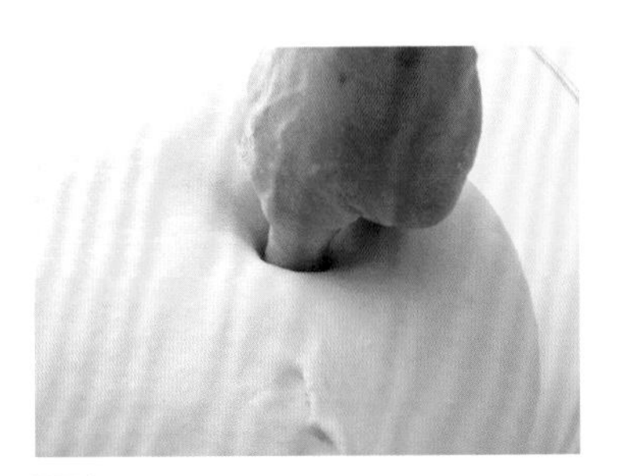

## 27 手指插入確認發酵狀態。

食指沾上手粉插入麵團內確認狀態。

確認發酵程度的好壞。

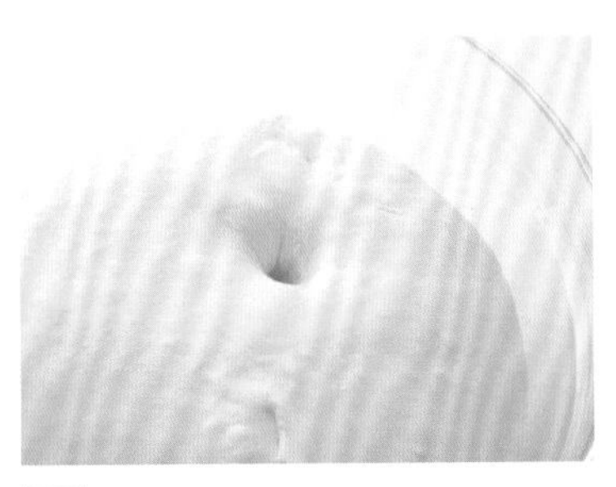

## 28 維持著凹洞為發酵良好狀態。

如果凹洞沒有縮回就是好的發酵狀態。

要是凹洞縮回，那就表示發酵時間還不夠長，需要稍微再等待發酵。若是麵團呈現塌陷狀態，就表示已經過度發酵。

## 29 折起麵團並輕壓將氣體排出。

碗倒過來將麵取出放在工作台上。直接捲起包覆，盡量將表面弄得平滑，以兩手適度地將氣體擠壓出來。

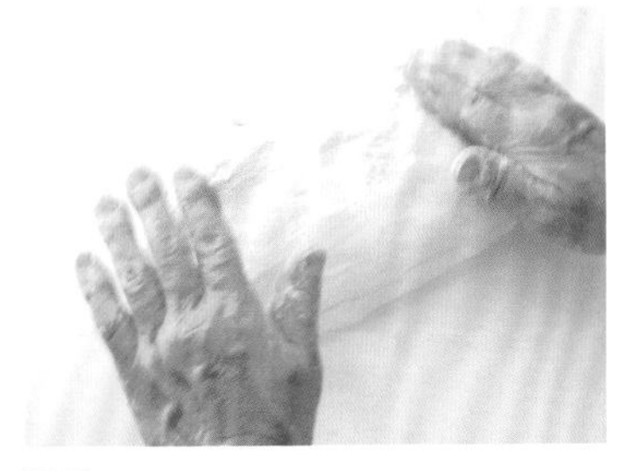

## 30 整成容易分割的形狀。

為了方便分割整成枕頭形狀。

手部要溫柔地碰觸麵團，注意不要過度按壓導致氣體全部都消失。

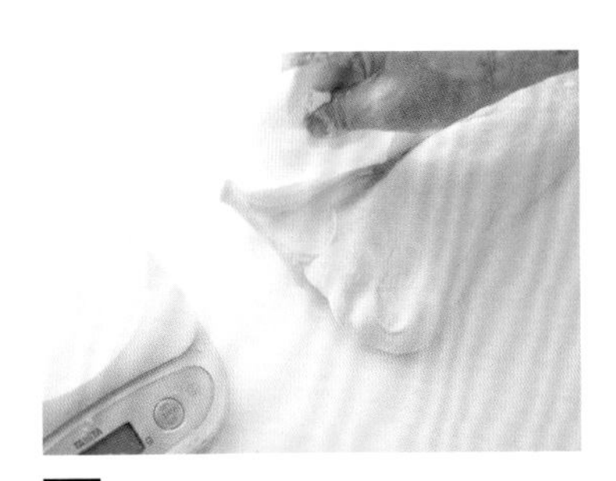

## 31 分割成 210g 大小。

使用刮板與電子秤，從麵團一端切割成 210g 大小的 2 等分。

剩下的麵團可分割爲「麥穗培根麵包」和「佛卡夏」使用的120g ×各1 個及「蘑菇麵包」的70g ×2 個份量。最後剩下的麵團也能拿來做成蘑菇麵包。

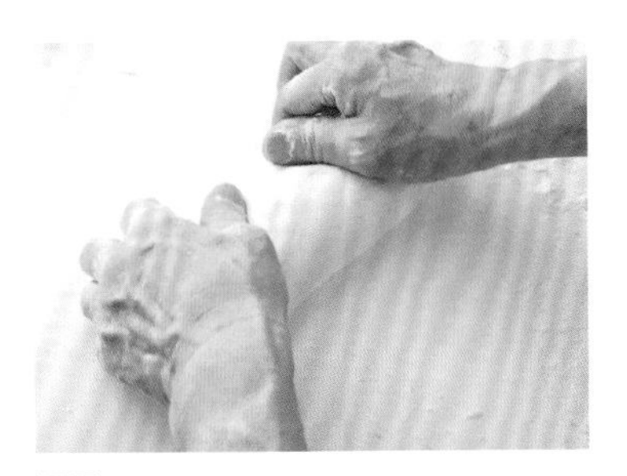

## 32 整成枕頭形狀。

為了保持表面光滑度，輕輕地捲起麵團成枕頭形狀。

爲了在之後的成形過程中不需要過度按壓麵團，而整成容易成形的形狀。

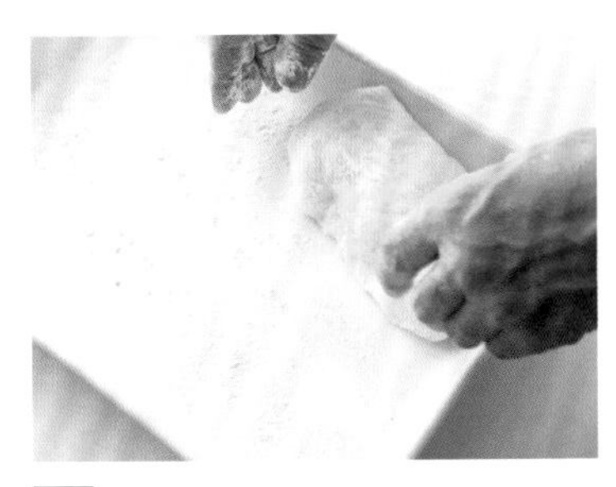

## 33 靜置時間為 20 分鐘。

托盤上撒上薄薄一層手粉，然後放上麵團。托盤覆蓋撒上手粉的保鮮膜，並放置在溫暖處靜置約 20 分鐘。

由於在靜置時間內麵團多少還是會膨脹，所以麵團之間要留有部分間距。

接續 p.24

## 34 靜置時間結束。

靜置時間結束。圖片左手邊的下面 2 個是小型長棍麵包的麵團。底端的左右 2 個是麥穗培根麵包與佛卡夏。右手邊的中間 2 個是蘑菇麵包，手邊剩下的多餘麵團可當做蘑菇麵包的頂端部分使用。

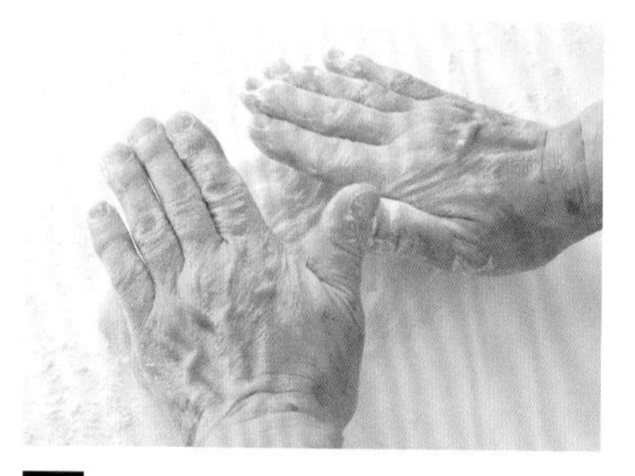

## 35 成形。用手擠壓擠氣體。

將麵團上下翻轉放在工作台上，兩手輕壓適度將氣體擠出。

擠壓空氣的同時按壓成橢圓形。分割後要整形時將較平滑的表面朝下，這樣到最後表面就會呈現平滑狀態。

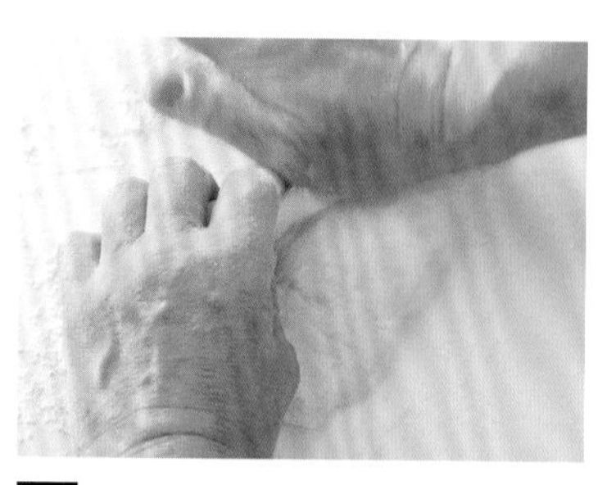

## 36 麵團對折2次。

麵團朝前方的 ⅓ 處折起，用右手掌按壓麵團使其附著。接著以同樣方式從麵團另一端往下折 ⅓，並按壓使其附著。

麵團的接合處要確實緊貼附著。

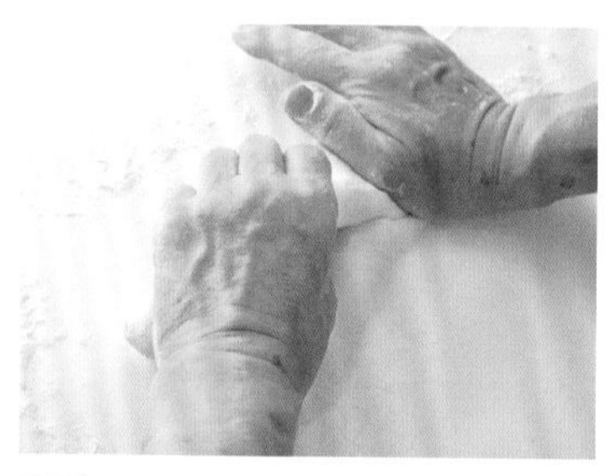

## 37 再對折。

然後從前端朝下方再對折。

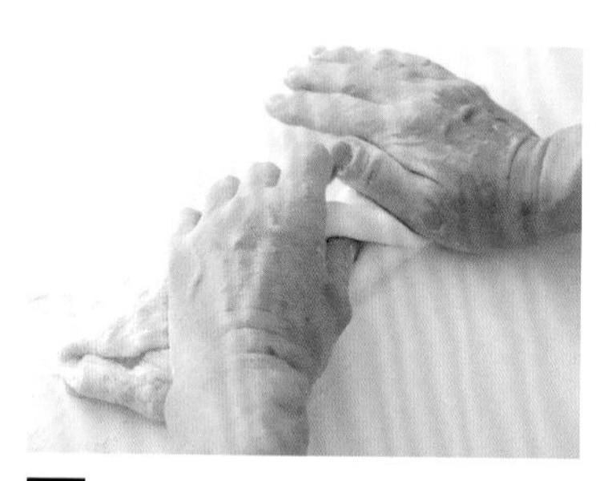

## 38 接合處塞進內側。

在麵團的接合處以左手大拇指朝內側塞入，右手掌則是按壓接合處使其附著。

這個部分有個重點，那就是如果不確實朝內側塞入，到了之後的39～40的成形階段，麵團會比較不好捲起。

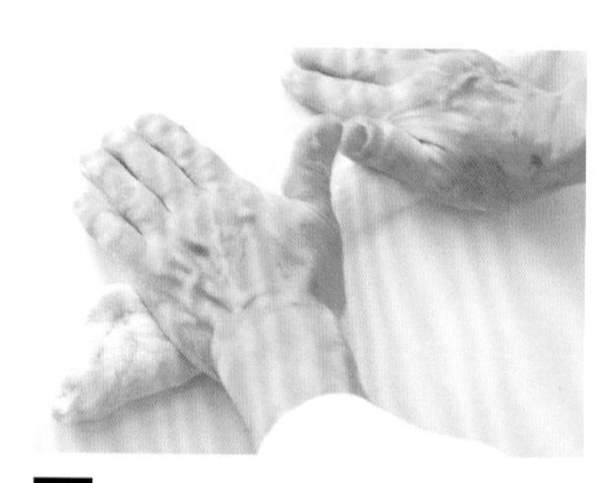

## 39 以兩手滾動方式按壓麵團。

兩手手掌放在麵團的中央處，分別朝左右兩端滾動，整成棒狀。

稍微施力滾動即可。

## 40 麵團滾動為長度 40cm的棒狀。

以滾動方式讓麵團延展成 40cm長度。

如果在靜置時間讓麵團獲得充分的休息，輕鬆就能讓麵團整成細長狀。

## 41 最後發酵為 1 小時。

布平鋪後撒上手粉，將40的接合處朝下，彼此靠近擺放在布上。為了不要直接碰觸到麵團，所以要寬鬆地覆蓋撒上手粉的保鮮膜，接著等待最後發酵的 1 個小時。

底下的布扮演支撐的角色，讓麵團能夠整齊劃一地膨脹。

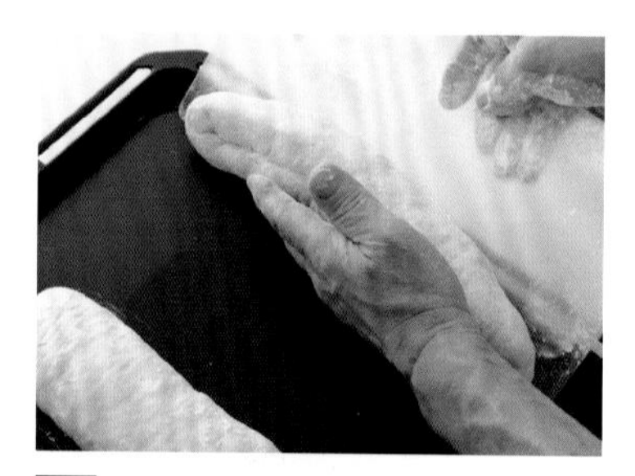

## 42 最後發酵結束後移至烤盤上。

使用麵團移動板將麵團移至烤盤上，接合處朝下並直接調整形狀。

等到膨脹至 1.5 倍大時，最後發酵就結束了。將布上的麵團以麵團移動板水平移動至烤盤上。

**43** **撒上麵粉。**

過篩撒上少許手粉。

由於是裝飾用麵粉，所以不必灑太多。這些手粉在經過烘烤後還會存在，過多的麵粉也會影響口感。

**44** **劃刀痕。**

以割紋刀在中間畫出 1 道直線。

刀痕的深度約爲 2~3mm。將刀刃稍微往上提，左手同時輕壓麵團，迅速劃出麵團開口。

**45** **放入烤箱以250℃蒸烤30分鐘。**

托盤倒入熱水放入烤箱的底層，以最高溫度預熱。將44放入以 250℃烘烤 30 分鐘，完成後取出在鐵網上放涼。

麵團經過充分蒸烤後，刀痕會工整地裂開，薄薄的外皮也會烤得香脆，烤色也會顯現出光澤。

**剖面** 烤好的麵團氣泡是因為烘烤中的麵團水氣蒸發所形成，也就是失去水分的空洞直接以這樣的形狀殘留下來。長棍麵包的特色在於氣泡孔較大且大小不一。為了不讓麵包顯得紮實，只稍微施力按壓和擠出空氣，所以麵團內的水分才會顯得細緻與均勻。而家用烤箱與專業烘焙烤箱相比火力較弱，所以麵團向上膨脹的能力也比較不足，麵包下方才會累積較多的氣泡。

## Chef's voice

雖然說法國麵包的麵團在製作後就必須盡快進到烤箱內，但是 500g 份量的麵團無法一次放入家中烤箱烘烤完成。因此可以先烘烤長棍麵包 2 條，完成後再烘烤麥穗培根麵包、佛卡夏與蘑菇麵包。這 3 個種類的麵包都是屬於平坦的小型麵包，所以即便有些許發酵膨脹也沒關係。以製作過程來說，所有麵包在靜置時間步驟都同時進行。之後先是長棍麵包成形後進入到烘烤階段，在這期間其他的 3 個種類麵包則是進入到成形之後的步驟，請等到長棍麵包烘烤完成後再立刻放入烤箱內。

# 麥穗培根麵包

## Épi au lard

「Épi」在法文當中代表「麥穗」的意思，麵團與小型長棍麵包同樣整成棒狀，並以剪刀左右交錯剪出開口，就會呈現麥穗的形狀。剪刀拿橫剪出開口，**從上方 30 度左右的角度朝麵團一半的深度剪下**，這樣就會產生漂亮的形狀。單純以麵團製作就相當美味，不過在這邊要介紹加入 1 片培根的人氣麥穗培根麵包的做法。

## 材料（1條份）

小型長棍麵包的麵團（➡p.18）……120g

培根……1片

從「小型長棍麵包」的麵團取出120g的份量來製作。

## 事前準備

- 在托盤倒入大量熱水，然後再放入烤箱底層預熱。
- 預熱溫度設定為烤箱的最高溫度。

## 特別準備物品

布（最後發酵時使用）、麵團移動板（墊子等切割成約40㎝×15㎝的大小備用）、剪刀

## 製作流程

|  |  |
| --- | --- |
| ▼揉麵 | 揉麵溫度 25℃ |
| ▼第一次發酵 | 2小時30分（1小時30分➡擠壓空氣➡1小時） |
| ▼分割 | 120g |
| ▼靜置時間 | 20分 |
| ▼成形 | 包覆培根長約25㎝的棒狀。 |
| ▼最後發酵 | 1小時 |
| ▼成形 | 剪刀剪出麥穗形狀 |
| ▼烘烤 | 250℃（蒸烤） 25分 |

## 做法

**1** 揉麵～靜置時間和「小型長棍麵包」（➡p.18）1～34步驟皆相同。

**2** 稍微敲打麵團將氣體排出並整成圓形，從前端⅓處朝下對折，以右手掌按壓使其附著。接著同樣從前端⅓處朝下對折，麵團附著的同時整成比培根稍微大的形狀。

**3** 在2的上面放上培根（a），麵團從前端往下包覆培根，接合處以右手掌確實的按壓使其附著。接著以滾動方式整成長25㎝的棒狀。

**4** 在布上撒手粉後放上3，麵團間距的布要立起。然後寬鬆地覆蓋撒上手粉的保鮮膜，移至溫暖處進行1個小時的最後發酵。

**5** 使用麵團移動板將麵團移至烤盤上，剪刀的刀刃沾水，朝麵團等距剪出5個切口（b）並將每個切口的麵團左右交錯，呈現出麥穗形狀（c）。

**6** 將倒入熱水的托盤放在烤箱底層，以最高溫度預熱，然後放入5，以250℃烘烤約25分鐘。烘烤完成後擺在鐵網上放涼。

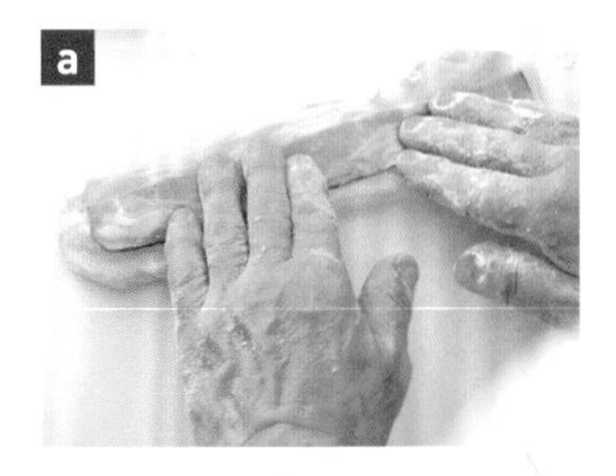

a 麵團放上1片培根，並將其包覆調整成棒狀，以滾動方式整成長度25㎝。

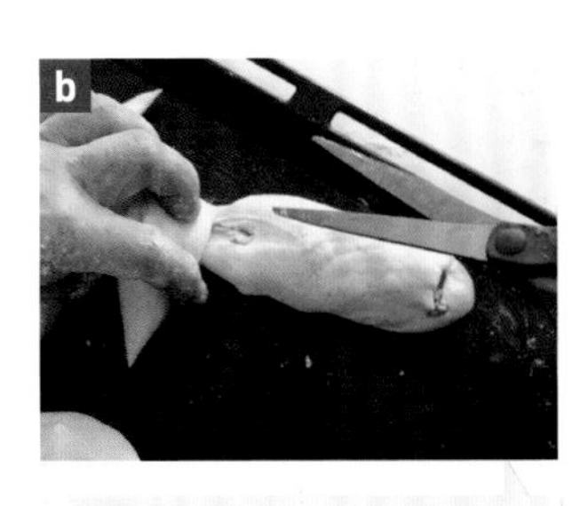

b 從上方30度左右的角度手持剪刀，朝麵團厚度的一半，以會切到培根的位置剪下。切口的麵團左右交錯。

c 麥穗的形狀。

# 佛卡夏

## Fougasse aux olives

佛卡夏是法國南部經常會吃的麵包。據說其外型是源自於，在歐洲盛大慶祝的 2 月嘉年華會上所戴的「面具」。南法做法在**表面塗上橄欖油，所以烘烤過後表面會產生香脆口感**。由於會在麵團上劃出幾處刀痕，所以烘烤時不太會膨脹而顯得扁平，特色在於內側有集中的切痕。麵團的成形很簡單，不必擔心麵團是否會膨脹，所以就算是做麵包的初學者也能輕鬆完成。

## 材料（1條份）

小型長棍麵包的麵團（➡p.18）
…… 120 g

綠橄欖（去籽）…… 20 g

EV 橄欖油 …… 適量

從「小型長棍麵包」的麵團取出 120g 的份量來製作。

## 事前準備

- 在托盤倒入大量熱水，然後再放入烤箱底層預熱。
- 預熱溫度設定為烤箱的最高溫度。
- 切碎綠橄欖。

## 特別準備物品

擀麵棍、毛刷

## 製作流程

|  | |
|---|---|
| ▼ 揉麵 | 揉麵溫度 25℃ |
| ▼ 第一次發酵 | 2 小時 30 分（1小時30分➡擠壓空氣➡1小時） |
| ▼ 分割 | 120g |
| ▼ 靜置時間 | 20 分 |
| ▼ 成形 | ◉ 擀成圓形放上綠橄欖再對折。<br>◉ 以刮板劃出切口。 |
| ▼ 最後發酵 | 1 小時 |
| ▼ 烘烤 | 塗抹 EV 橄欖油<br>230℃（蒸烤） 20 分 |

## 做法

**1** 揉麵～靜置時間和「小型長棍麵包」（➡p.18）1～31相同。麵團整成圓形，托盤撒上少許手粉後擺放麵團。寬鬆地覆蓋灑有手粉的保鮮膜，移至溫暖處靜置約20分鐘。

**2** 以擀麵棍擀成直徑約18㎝的大小（a）。

**3** 將切碎的綠橄欖放在一半的麵團上，以毛刷沾水（份量外）塗抹麵團邊緣（b）。

**4** 麵團對折後按壓使其緊密附著。

**5** 移到烤盤上，用手指稍微將麵團撐開一些。以刮板縱向劃出1道切口（c），並在兩側各劃出2道切口，然後將切口都撐開一些。

**6** 保鮮膜撒上手粉寬鬆地覆蓋在烤盤上，移至溫暖處進行約1小時的最後發酵。

**7** 將裝滿熱水的托盤放入烤箱底層，以最高溫度預熱，接著用毛刷塗抹EV橄欖油，以230℃烘烤約20分鐘。完成後擺在鐵網上放涼。

a
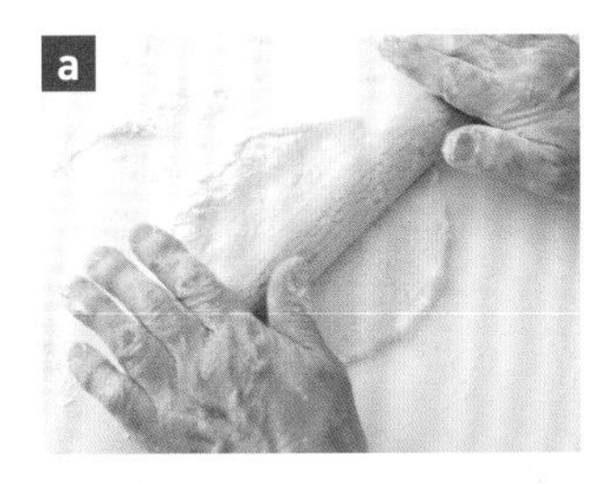

擀麵棍在擀麵的同時也在擠壓空氣。因為是烘烤後呈現扁平狀的麵包，所以氣體完全排出也沒問題。

b
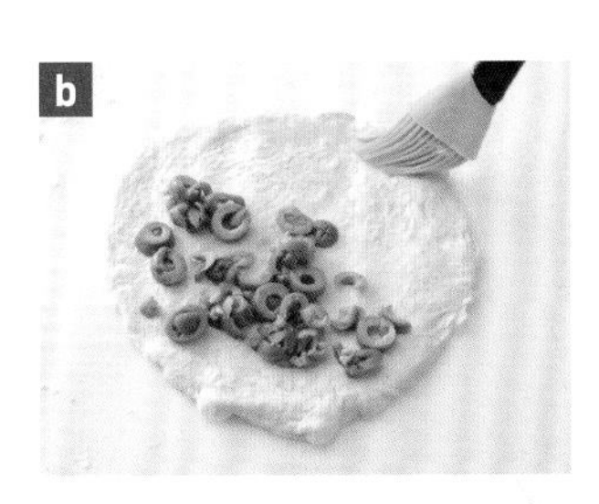

放上切碎的橄欖，以毛刷沾水塗抹邊緣接合，再對折成半圓形。

c
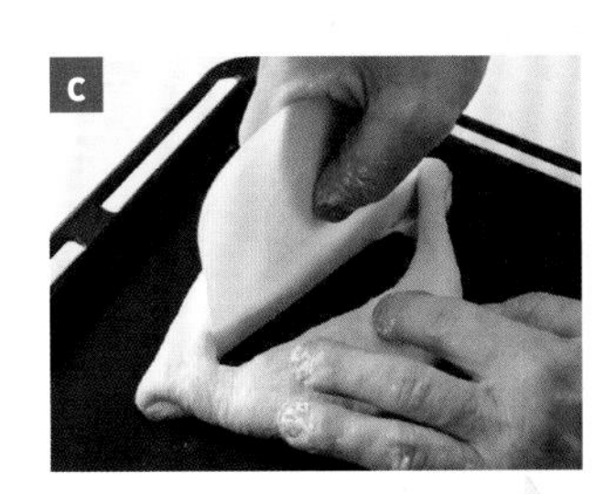

劃下縱向1條、兩側各2條的切口。切口劃開方式並沒有規定，請試著以嘉年華會面具來模擬。

# 蘑菇麵包

## Champignon

這是深受法國人喜愛的麵包外型，**圓滾滾的底部呈現柔軟的口感，上面的傘狀部分則是又薄又脆**。同一個麵包卻能嘗到 2 種口感，實在不得不佩服身爲老饕的法國人所發揮的巧思。做法是將塑形爲圓型的麵團擀成薄圓形，重點在於最後發酵後要組合於傘部下方，至於傘部上方的麵團重量則是保持平坦輕薄的狀態。烘烤時會再次將麵團上下翻轉，這樣就能烤出輕薄且香脆的傘部。

## 材料（2個份）

小型長棍麵包的麵團（➡p.18）

……70g × 2 個

從「小型長棍麵包」的麵團分割出70g × 2 個麵團來製作。

## 事前準備

- 在托盤倒入大量熱水，然後再放入烤箱底層預熱。
- 預熱溫度設定為烤箱的最高溫度。

## 特別準備物品

擀麵棍、直徑5㎝的圓型模具、布（最後發酵時使用）、毛刷

## 製作流程

|  | |
|---|---|
| ▼揉麵 | 揉麵溫度 25℃ |
| ▼第一次發酵 | 2小時30分（1小時30分➡擠壓空氣➡1小時） |
| ▼分割 | 70g |
| ▼靜置時間 | 20分 |
| ▼成形 | • 圓形（底部）。<br>• 剩下的麵團切割成直徑5㎝圓形（上部）。<br>• 底部與上部組合。 |
| ▼最後發酵 | 1小時 |
| ▼烘烤 | 250℃（蒸烤） 25分 |

## 做法

**1** 揉麵～靜置時間和「小型長棍麵包」（➡p.18）1～31相同。麵團整成圓形，托盤撒上少許手粉後將麵團排列整齊。托盤寬鬆地覆蓋灑有手粉的保鮮膜，接著靜置約20分鐘。剩下的麵團也同樣進入到靜置階段。

**2** 麵團整成圓形（a），這個部分是作為麵包的底部。

**3** 以擀麵棍將剩下的麵團擀薄，分割為2片直徑5㎝的圓形（b）。這個部分是作為麵包的上部。

**4** 將3放在2的上面，食指抹上沾手粉從麵團中心往下壓（c）。

**5** 在布上撒上手粉，將4上下翻轉，將布靠近麵團（d）。寬鬆地覆蓋灑有手粉的保鮮膜，移至溫暖處進行1小時的最後發酵。

**6** 再次將麵團上下翻轉放在烤盤上。將裝滿熱水的托盤放入烤箱底層以最高溫度預熱，接著以250℃約烘烤25分鐘。完成後擺在鐵網上放涼。

### Chef's voice

麵團整成圓形首先要以右手的小指和食指的指腹扶著麵團的側邊，以反時針方向轉動讓麵團的底部收緊。最後使用手掌輕輕碰觸上部，以相同轉動方式將表面調整至平滑狀態。

a

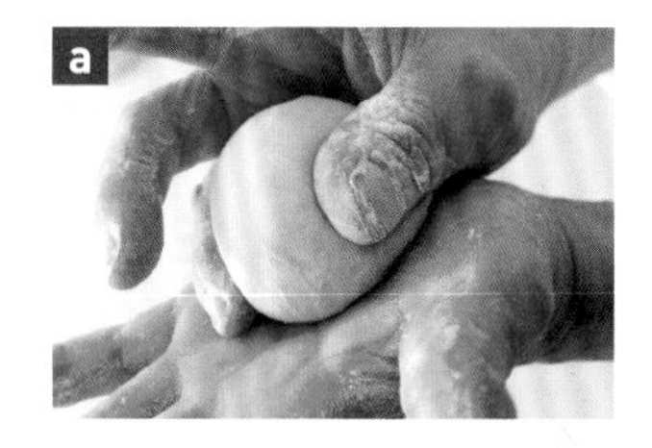

麵團整成圓形。此步驟使用手掌或是在工作台上進行。

b

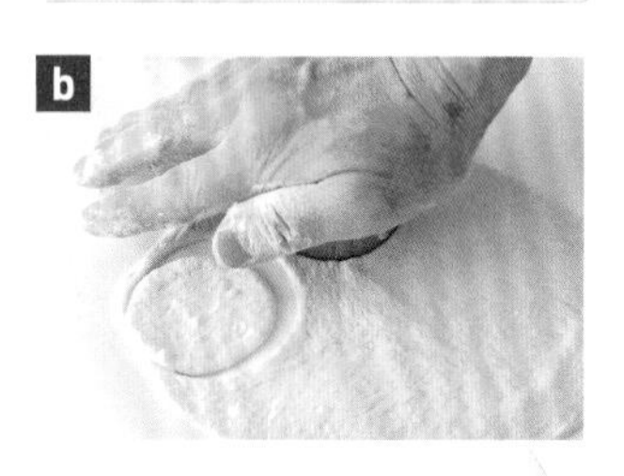

因爲希望上部能烤出香脆感，所以請盡量擀薄。擀麵棍朝著所有方向轉動壓平，在烘烤時就不會縮小。

c

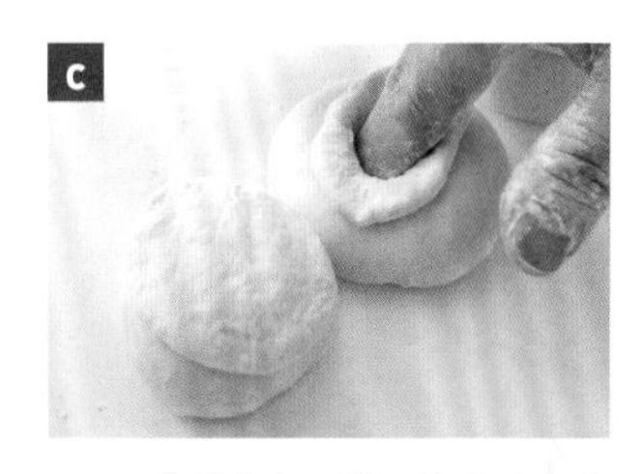

以這樣的方式將上下麵團接合，指尖要確實插入，直到指尖碰觸到桌面。

d

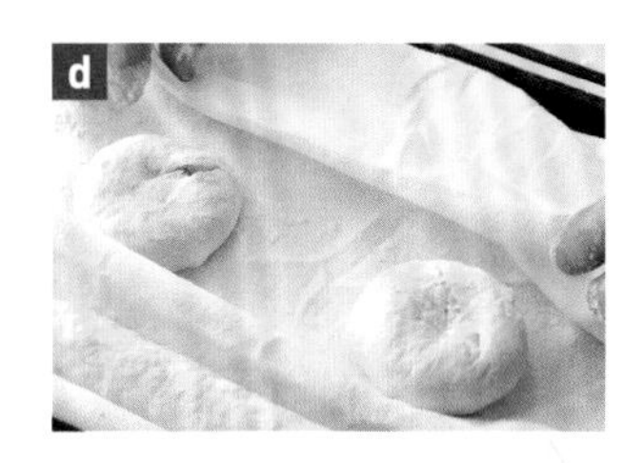

麵團上下翻面進行最後發酵，上部會變得平坦。等到要進烤箱時要再次上下翻面。

# 輕食三明治

## Casse-croûte

這是利用長棍麵包做出的輕食三明治，只需要用到 p.18 所做的小型長棍麵包 1 條的份量，店家購買來的長棍麵包也只要切一半來使用。可按照自己喜好來自由搭配餡料，以下介紹的 3 道是我的店內最受歡迎的前 3 名。但其實輕食三明治是否應該放入蔬菜的這個部分還有待討論，因爲**原本法國的長棍麵包本身是濕潤狀態，所以不會再放入生菜等蔬菜**。如果不是當場要吃，那麼最好是不要放入有水分的蔬菜，這樣比較能夠長時間保持麵包的美味度。

## 卡芒貝爾起司 & 火腿（圖片上方）

**材料（長棍麵包半條）**

長棍麵包 …… ½ 條
芥末奶油（參照下方做法）…… 適量

◎餡料

- 卡芒貝爾起司 …… 5㎜寬度的 4 片
- 煙燻火腿 …… 大 ½ 片
- 黑胡椒（粗）…… 適量

**做法**

1. 長棍麵包橫向切開。
2. 切口均勻塗抹上芥末奶油。
3. 放上卡芒貝爾起司、煙燻火腿，撒上黑胡椒後將麵包蓋起。

## 總匯三明治（圖片中間）

**材料（長棍麵包半條）**

長棍麵包 …… ½ 條
EV 橄欖油 …… 適量

◎餡料

- 生菜 …… 1 片
- 半風乾番茄 …… ½ 個
- 油漬鯷魚 …… ¼ 片
- 黑橄欖、綠橄欖（去籽）…… 各 1 個

**事前準備**

◉ 半風乾番茄放入橄欖油（份量外）內，使其變柔軟。

**作り方**

1. 生菜切絲，橄欖切薄片。
2. 長棍麵包對半切開。
3. 切口均勻塗抹上橄欖油，接著放上生菜、半風乾番茄、油漬鯷魚、橄欖後，將麵包蓋起。

## 生火腿三明治（圖片下方）

**材料（長棍麵包半條）**

長棍麵包 …… ½ 條
無鹽奶油 …… 適量
生火腿 …… 1 片（大）

**做法**

1. 長棍麵包對半切開。
2. 切口均勻抹上奶油，放入生火腿後將麵包蓋上。

## 芥末奶油

**材料（可做出約 2 ½ 大匙份量）與做法**

用打蛋器攪拌無鹽奶油 20g，使其變軟變滑順後放入 2 小匙的粗黃芥末醬後混合均勻。

# 法式吐司

## Pain perdu

將剩下的法國麵包浸泡在能充分品嘗豐富蛋味的奶蛋液中，做出法式風格的法國吐司。重點在於**浸泡奶蛋液後，還要在麵包表面塗抹杏仁奶油**，這樣就能讓吐司擁有令人驚豔的豐富滋味！要是覺得要動手做杏仁奶油很麻煩，那麼在平常的日子就不要抹醬，到了週末再來品嘗杏仁奶油的奢侈口感，這個提議如何呢？

材料（6 個份）

小型長棍麵包 …… 1 ½ 條

◎奶蛋液

- 牛奶 …… 250g
- 雞蛋 …… ½ 顆
- 蛋黃 …… 1 ½ 顆
- 砂糖 …… 60g
- 香草精 …… 少量

杏仁奶油（右記）…… 適量

糖粉 …… 適量

若使用店家販賣的長棍麵包就只需要用到 ½ 條。

特別準備物品

抹刀、濾網

做法

1 長棍麵包切成10㎝左右，接著橫向切開（a）。可以切成6塊。

2 牛奶倒入鍋內後開火，煮至沸騰後關火放涼。

3 雞蛋和蛋黃放入碗裡以打蛋器攪拌，接著放入砂糖混合至溶解。加入2的牛奶，再加入香草精混合攪拌。然後以濾網過濾。

4 等到3降到皮膚溫度時，再將1的長棍麵包放入浸泡（b）。

5 托盤放在鐵網上，將4的長棍麵包放置數分鐘等待奶蛋液滴落。

6 以抹刀在5的上面塗抹杏仁奶油（c）。

7 放入烤箱以180℃烘烤約15分鐘（d）。冷卻後用濾網撒上糖粉。

a

長棍麵包切成兩半會比較好吸收奶蛋液。比起剛出爐的長棍麵包，放置1～2天的乾燥長棍麵包會比較容易吸收奶蛋液。

b

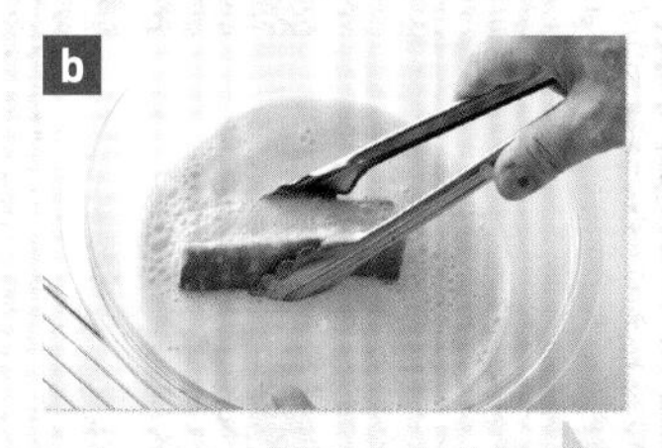

關鍵在於讓奶蛋液降溫至人體溫度。太冷會導致麵包不易吸附湯汁，但要是奶蛋液太燙，會讓麵包膨脹而出現孔洞導致麵包變得軟爛。

c

光是塗抹薄薄一層的杏仁奶油，就能增添味覺的豐富感。

d

適度煎烤讓杏仁奶油開始稍微變色就完成了。最後將糖粉過篩，放根叉子撒上糖粉就會有圖案出現。

SPECIAL LESSON

## 杏仁奶油

### Crème d'amandes

杏仁奶油有濃烈的杏仁香氣，只要塗抹在麵包上經過煎烤就相當美味。法式吐司（➡p.34）、波斯托克麵包（➡p.76）、風車丹麥麵包（➡p.93）、杏仁奶油可頌、紅豆可頌（➡p.100）都有使用。

材料（可簡單就能完成約400g的份量）

無鹽奶油 …… 100g

砂糖 …… 100g

杏仁粉（去皮）…… 100g

雞蛋 …… 1 ½顆

低筋麵粉 …… 15g

黑蘭姆酒 …… 少量

事前準備

- 奶油恢復至室溫程度。
- 杏仁粉、低筋麵粉都要個別過篩。

做法

1 奶油放入碗裡以打蛋器攪拌成柔軟狀，接著加入砂糖攪拌混合至滑順程度。

2 加入杏仁粉混合攪拌。

3 雞蛋打散，然後分次加入少許的2後攪拌混合。

加入蛋液後整體會變成容易分離的軟爛狀態，但只要持續混合攪拌就會產生滑順附著感。爲了避免容易分離的狀況發生，蛋液請分成4～5次加入。

4 加入低筋麵粉後攪拌，然後再倒入黑蘭姆酒混合。

可以放在冰箱冷藏保存4～5天，從完成後的隔天起杏仁香氣會逐漸消失，所以最好是盡快使用完畢。使用時以木鏟攪拌直到恢復滑順狀態。

SPECIAL LESSON

# 麵包店的基礎卡士達醬

卡士達醬對麵包店以及西式甜點店而言，都是不可或缺的使用素材，可以包覆在麵包裡，也可以塗抹在麵包上，只要有卡士達醬就能夠增添麵包的豐富口感。

## 卡士達醬

Crème pâtissière

特色在於能夠提升麵包口感的清爽香草香氣。本書是使用在可頌麵包（➡p.94）、洋梨丹麥（➡p.98）。稍微降溫後能夠感受到雞蛋的濃醇香，由於口感滑順，所以除了在夏季炎熱時期以外，建議都盡量不要放在冰箱內再拿出來使用。使用時以打蛋器或是刮刀將整體攪拌混合直到恢復原先的滑順感。

**材料（可簡單就能完成約440g的份量）**

牛奶……250g
砂糖……65g
香草莢……¼ 根
Ⓐ 雞蛋……1顆
Ⓐ 蛋黃……2顆
低筋麵粉……20g
無鹽奶油……5g

**事前準備**

- 低筋麵粉過篩。
- 香草莢縱向切開刮下中間的香草籽。

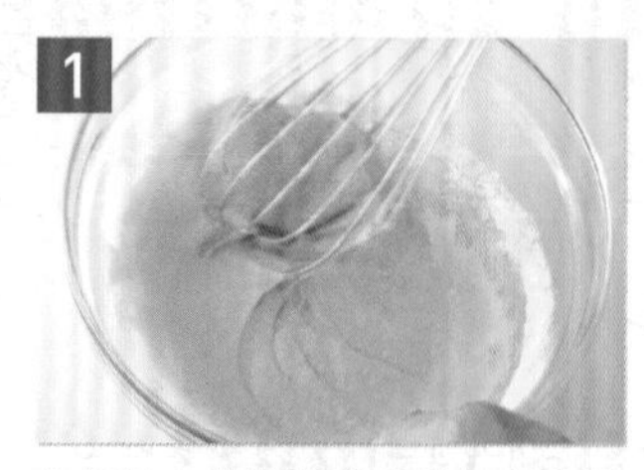

1 牛奶與 ⅓ 的砂糖放入鍋內，加入香草籽與香草莢後開火煮沸。這時候將Ⓐ放入碗裡，以打蛋器混合攪拌，接著再加入低筋麵粉以及剩下的砂糖後混合均勻。

牛奶要煮至沸騰狀態，才能避免腐壞。

2 在1的碗裡倒入沸騰的牛奶並混合攪拌。

因為是沸騰的牛奶會接觸到蛋液，為避免蛋液凝固，要使用打蛋器邊攪拌邊倒入。

3 將2倒回鍋內後開中火，並以打蛋器一邊攪拌一邊加熱。

4 變得稍微濃稠狀態時，就離開爐火過篩。

5 將4倒回鍋內，一邊以打蛋器攪拌並再次以中火加熱，直到整體質地變得濃稠，手部動作感覺變輕鬆後就可關火。

一開始會呈現要花較大力氣攪拌的狀態。不過開火攪拌後不久狀態就會變得輕盈且產生光澤，這時候就可以關火了。

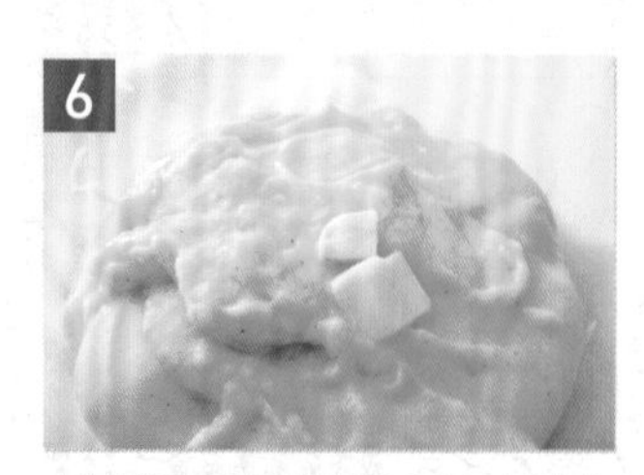

6 立刻倒入碗裡，並放入奶油，讓它在表面融入。然後直接放涼。

為了避免卡士達醬變乾所以加入奶油，奶油會在表面產生保護膜。因為蓋上保鮮膜，在移除保鮮膜時會產生水滴，所以從以前就採用這樣的方式。完成後放入冰箱可保存好幾天。

# PART 2

# 吐司麵團

藤森師傅所做出來的吐司口感帶有些許甜味，

是深受大衆歡迎的口味。

不論是直接吃下肚、做成烤吐司或做成三明治，

都擁有讓人不會感到厭倦的美味程度。

只要記住基本麵團的製作方式，

就能夠延伸製作出各式各樣的麵包的優秀麵團。

利用牛奶、雞蛋和煉乳來增添些許甜味的豐富感。
此麵團不但能做出吐司，還能有各種的變化方式。

# 方型吐司

## Pain de mie

### 深受日本人喜愛的微甜麵團。

**加入牛奶、雞蛋和煉乳，些許的奶香帶出豐富口感，及一點點的甜味。麵粉並非使用高筋麵粉，而是使用法國麵包粉，所以吃起來的口感會比較爽口。**其實這並非吐司專用的麵團，而是可以同時做出變化拿來製作成「牛奶麵包」（➡p.50）、加入「巧克力&夏威夷豆」（➡p.52）、「帕芙麵包」（➡p.54）的麵團。

雖然說麵包店架上有多達十多種的麵包，但其實麵包的麵團的種類並不多。一種的麵團會在製作過程當中發展出不同的做法，像是改變外型或是餡料與表面點綴等，就是要做出不會讓客人感到厭倦的豐富麵包種類。

所以說像這種能夠有許多變化範圍的麵團就相當優秀。在家中也能利用這樣的麵團來做出各式各樣的麵包，所以請務必熟記做法。

### 方型吐司的特色是質地細緻且口感濕潤。

基於以上的原因，接下來就先來做方型吐司。
方型吐司就是指放入吐司模蓋上蓋子的正方型吐司，**關鍵在於「蓋子」。由於是在模型內的封閉狀態下烘烤，所以麵團會朝向模型四個角落膨脹。因為無法再繼續膨脹下去，因此麵團的組織會緊密地連結在一起，讓組織變得十分細緻。水分也無法離開模型蒸發，而是直接留在麵團當中，所以能夠烤出濕潤且柔軟的口感。**這就是方型吐司的特色。

至於和吐司麵包的另一大山脈－「山型吐司」相較之下又有何不同呢？詳細內容請參考 p.44。

**材料（2條份）**

法國麵包粉（LYS DO'R）…… 500 g
速發酵母粉 …… 5 g
砂糖 …… 60 g
鹽 …… 10 g
雞蛋 …… 1顆
牛奶 …… 與雞蛋合計 300 g
煉乳 …… 25 g
無鹽奶油 …… 60 g

煉乳能夠讓麵團組織變得細緻且柔軟，也可以更換爲同份量的可爾必思飲料。

**事前準備**

- 奶油置於室溫下，測試是否恢復至手指下壓立即凹陷的硬度狀態（夏季在揉麵時奶油容易變得太軟，所以不需要恢復至室溫程度，最好是直接在冰涼狀態下就直接以手按壓使其變得柔軟）。
- 模型內塗抹上一層薄薄的油脂（奶油或市面上販售的脫模油等）。

**特別準備物品**

上尺寸9.5㎝×19.5㎝×高9.5㎝的吐司模2個

## 製作流程

**揉麵**
揉麵溫度 25℃

▼

**第一次發酵**
1 小時 30 分
（1 小時 ➡ 擠壓空氣 ➡30 分鐘）

▼

**分割**
230g

▼

**靜置時間**
20 分

▼

**成形**
- 長 40cm的棒狀。
- 模型放入 2 條交錯的麵團。

▼

**最後發酵**
1 小時

▼

**烘烤**
200℃ 30 分

## 方型吐司的做法

### 1 麵粉和酵母粉放入碗裡。

碗裡放入過篩的麵粉、酵母粉、砂糖和鹽，以刮刀攪拌混合。

材料混合攪拌均勻。

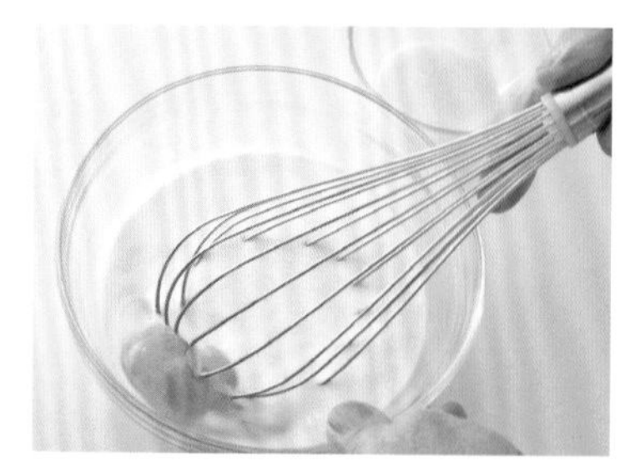

### 2 另外將雞蛋、牛奶等材料混合。

在另一個碗裡放入雞蛋、牛奶和煉乳後，用打蛋器攪拌混合。

混合均勻即可。

### 3 粉類加入液體混合攪拌。

將1的粉類中央稍微弄出凹洞，放入2以刮刀混合。

液體倒入中央混合，手部動作要迅速將外側粉類混合，避免顆粒殘留。首先要讓麵粉整體都吸收水分。

### 4 移至工作台上。

讓粉類吸收水分，等到部分開始結塊就移至工作台。

感覺狀態還很軟爛也沒關係。

### 5 揉壓至變成一整塊的狀態。

首先將麵團揉成一整塊。

兩手稍微施力按壓麵團，很快就會變成一整塊。

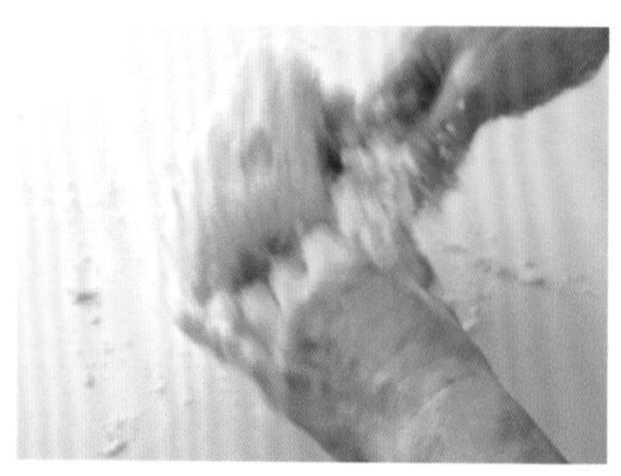

### 6 朝工作台小力摔打。

以兩手指尖抓住麵團的兩側，抬高後朝工作台摔打。按照「揉麵方式A」（➡p.8）。

由於麵團還處於會沾黏的狀態，所以用手指抓住麵團。

### 7 麵團對折。

摔打麵團後直接對折。

雖然是抬高至手肘高度向下摔打，但其實不需要用力。只要以手腕自然轉動的方式摔打即可。

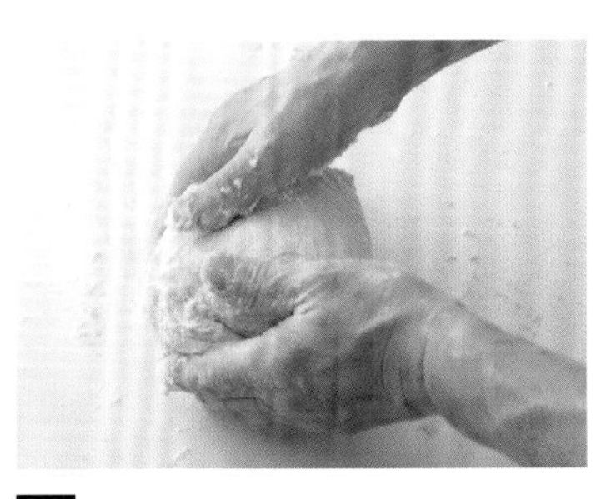

### 8 改變角度重複相同動作。

接著改變麵團的角度後抬高，並重複6～8的動作。

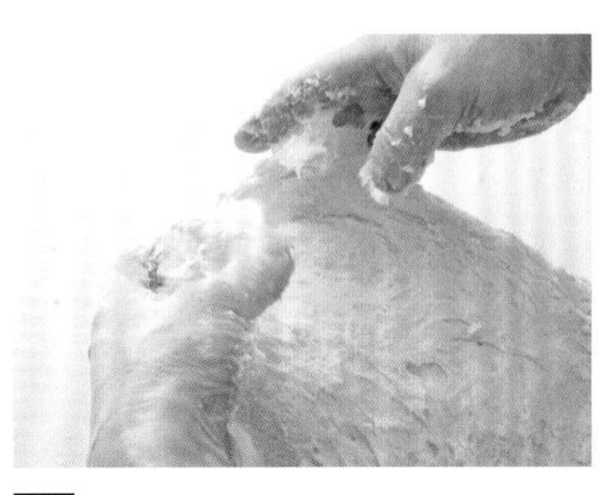

### 9 持續揉麵至5～6成的狀態。

持續揉麵至幾乎不會沾黏工作台的狀態。就是質地還很粗糙，以兩手拉開麵團兩端就快要破掉的狀態。

要在這個時候加入奶油。要是過度揉麵導致產生過多筋性，奶油就不容易混合均勻。

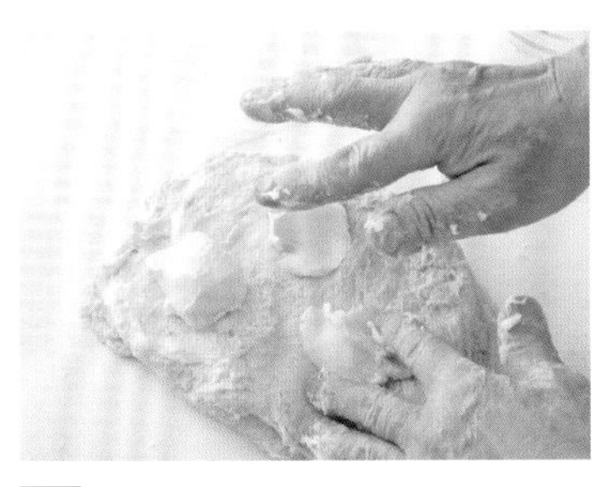

### 10 麵團攤開放上奶油。

將麵團攤開，奶油弄成適當大小放在上面。

奶油要呈現容易混入麵團的軟硬狀態，也就是手指按壓會立即凹陷，最好是較無顆粒殘留，比麵團溫度還要低(2~3℃)的程度。

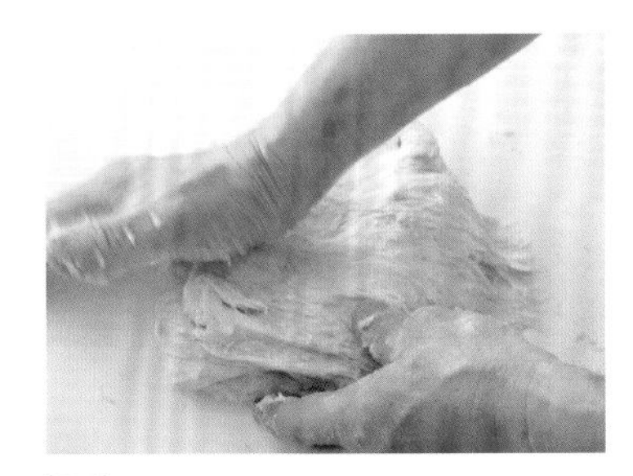

### 11 均勻按壓麵團。

麵團包覆奶油後朝著各個方向按壓。

讓麵團整體都吸附奶油。

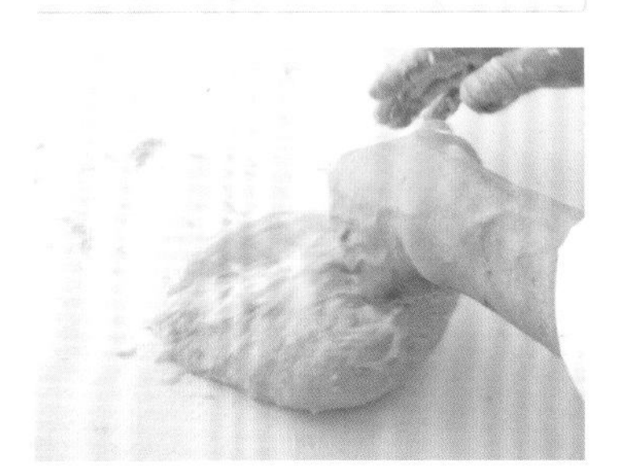

### 12 持續揉麵。

以6～8相同的方式揉壓。

奶油在完全與麵團結合前會讓麵團變得沾黏，手和工作台都會變得濕黏。因此爲了不要讓手變髒，以及避免麵團的溫度上升，要以手指抓住麵團。

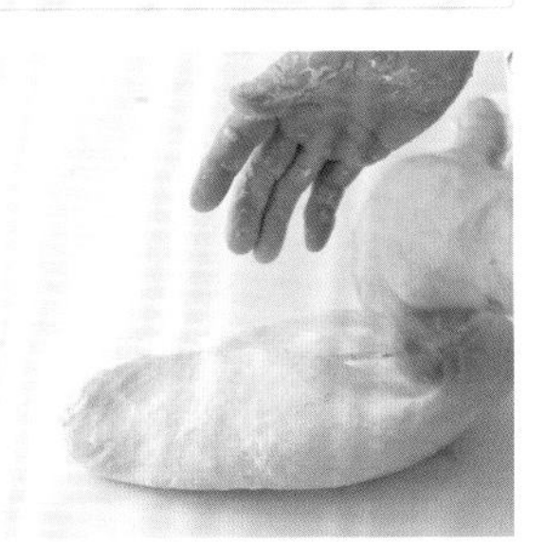

### 13 改變揉麵方式。

等到表面變平滑，不會沾黏工作台後，就更改為「揉麵方式B」(➡p.9)。

達到8成階段就改變揉麵方式，從這個時候開始麩質強度會增加。

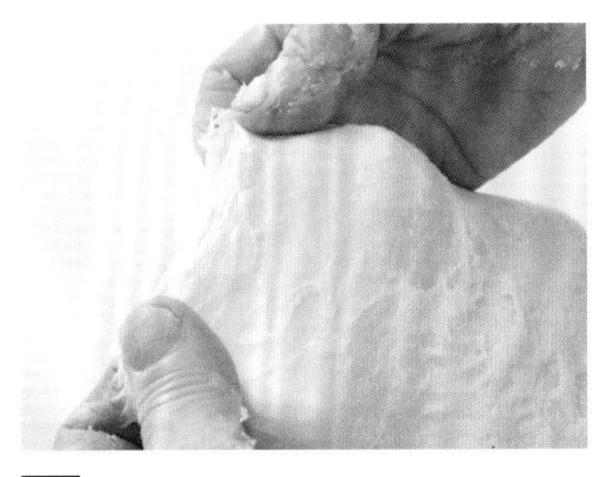

### 14 確認揉麵程度。

等到麵團變得不沾手，質地變滑順與產生光澤後再持續揉麵。以兩手拉開麵團的兩側，有彈性且以薄膜狀態延展，薄膜平滑且無凹凸顆粒時就可以了。要測量揉麵溫度。

理想的揉麵溫度爲25℃。

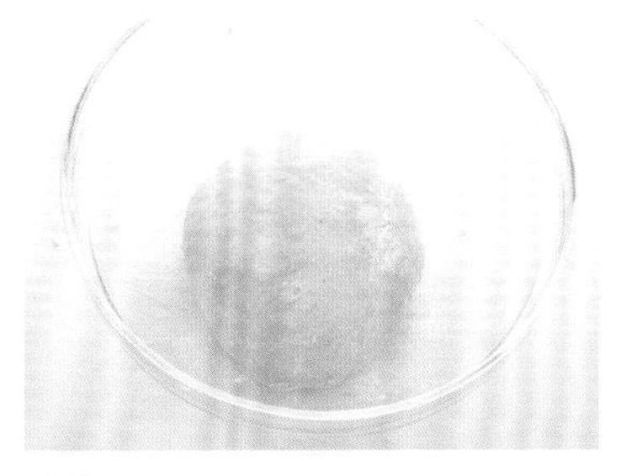

### 15 第一次發酵需要1小時30分。

將麵團調整為表面平滑的圓形。麵團接合處朝下，放入一開始使用的碗裡，寬鬆地覆蓋撒上手粉的保鮮膜。移至溫暖處進行1小時30分的第一次發酵。

接續p.42

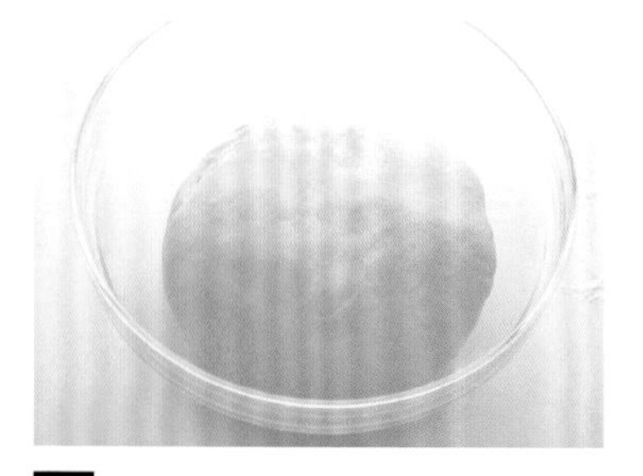

**16** **發酵中1小時需要擠壓空氣。**

等到經過1小時，麵團膨脹至發酵前的1.5倍大後，就是需要擠壓空氣的時間點。

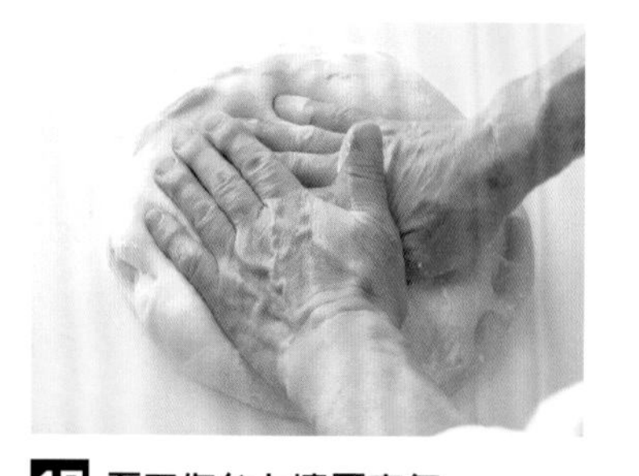

**17** **至工作台上擠壓空氣。**

將碗倒過來把麵團放在工作台上，直接以兩手擠壓空氣。

大力按壓麵團將氣體排出，但由於除了二氧化碳之外也會產生香氣成分，所以爲了避免影響到香氣成分，注意不要過度隨意胡亂按壓。

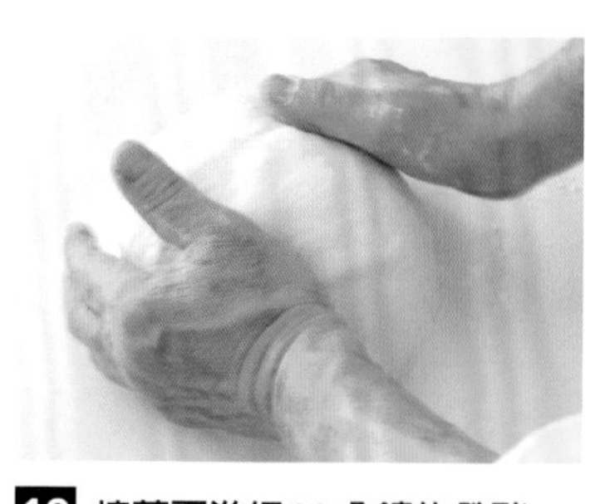

**18** **接著再進行30分鐘的發酵。**

將按壓的那一面包覆在內側，調整為表面平滑的圓形。接合處朝下放回碗裡，寬鬆地覆蓋保鮮膜，然後進行30分鐘的發酵。

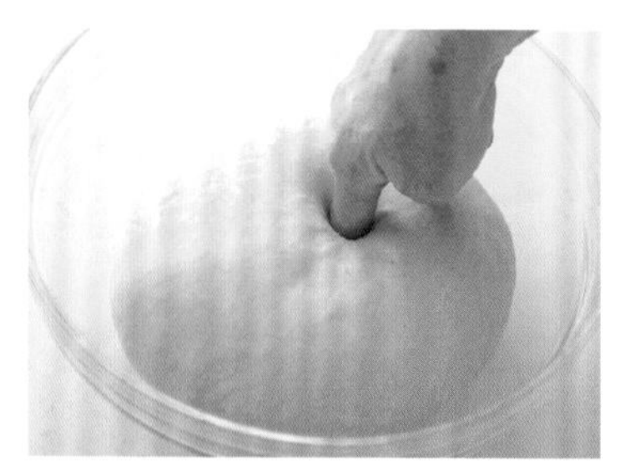

**19** **結束第一次發酵。**

麵團膨脹成發酵前的1.5倍大之後就完成了第一次發酵。

不只是時間，也要以麵團大小來判斷。要達到手指沾上手粉插入麵團裡，孔洞維持形狀的發酵狀態。

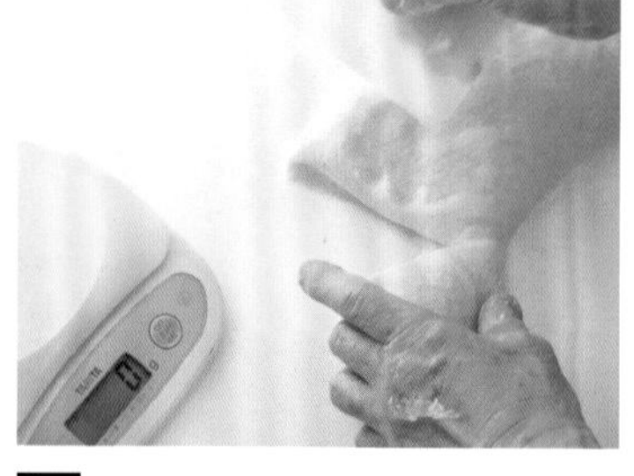

**20** **分割為230g大小。**

碗倒過來將麵團放在工作台上。兩手輕壓將麵團氣體排出，並整為表面平滑的圓形。以刮板分割為230g的4個麵團。

2個麵團爲1條吐司的份量。按照**29**的方式將2條麵團交錯。

**21** **整成圓形。**

麵團整成圓形。

整成表面平滑的圓形。

**22** **20分鐘的靜置時間。**

托盤撒上薄薄一層手粉，留有間距擺放麵團。寬鬆地覆蓋灑有手粉的保鮮膜，移至溫暖處進行20分鐘的靜置時間。

**23** **靜置時間結束。**

麵團在靜置時間內還是會稍微膨脹。

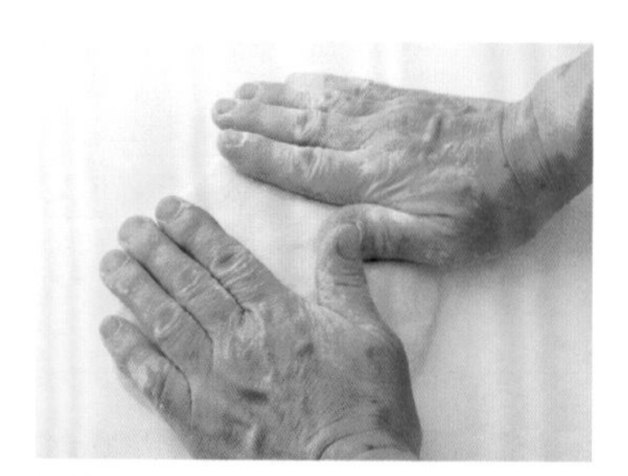

**24** **麵團成形後擠壓空氣。**

麵團上下翻轉放在工作台上，兩手用力擠壓出氣體，然後按壓成圓形。

分割後整成圓形時將平滑的表面朝下，這樣最後的表面才會變得平整滑順。

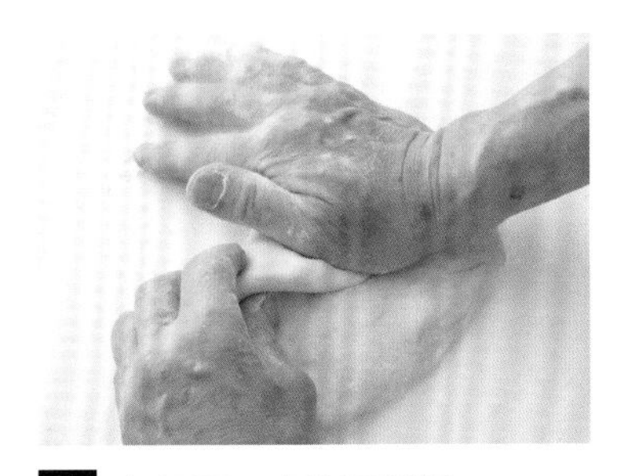

**25** 在麵團⅓處往下對折。

將麵團從上往下的⅓處對折，以右手掌確實按壓麵團使其附著。

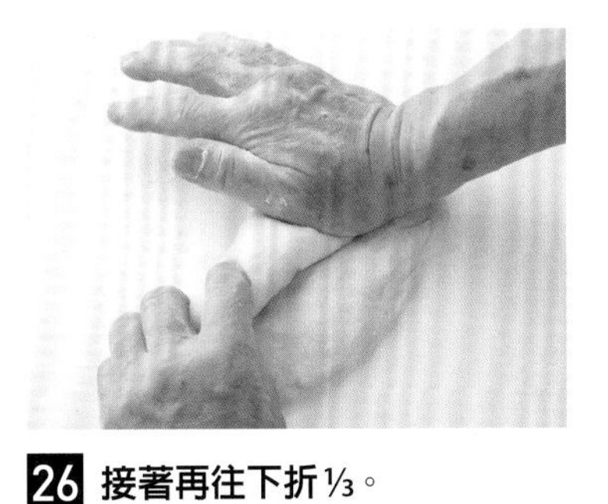

**26** 接著再往下折⅓。

從25的狀態再往下折⅓，並以右手掌確實按壓麵團使其附著。

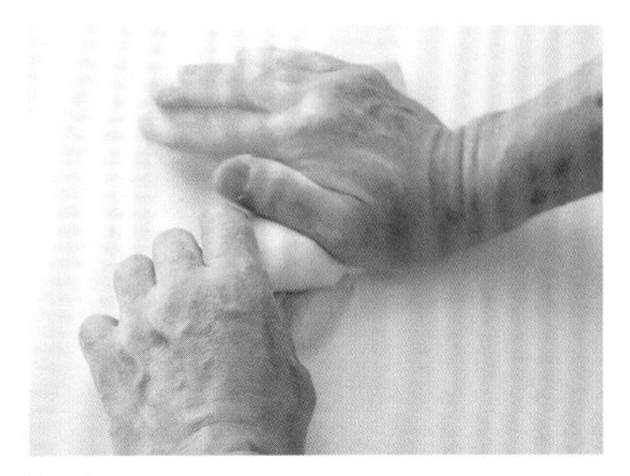

**27** 對折做出麵團中心。

麵團往下對折，以左手的大拇指將接合處往內側塞入，右手掌要確實按壓麵團使其附著。

> 這個部分會成為麵團的中心，所以要確實按壓內側使其成形。

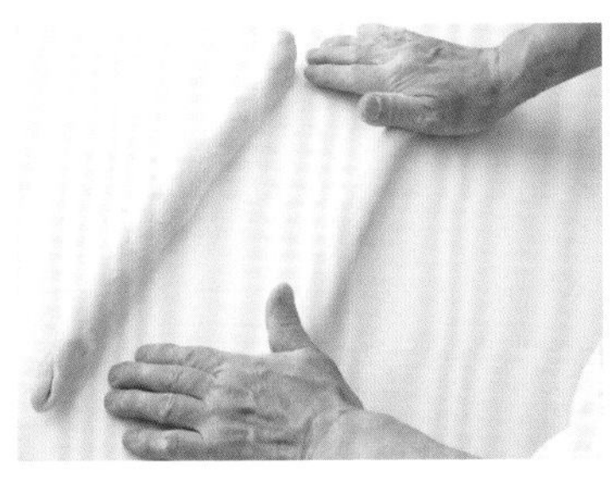

**28** 搓揉成長度 40cm的棒狀。

麵團的接合處朝下，兩手從中央朝左右兩端滾動，搓揉成長 40cm的棒狀。

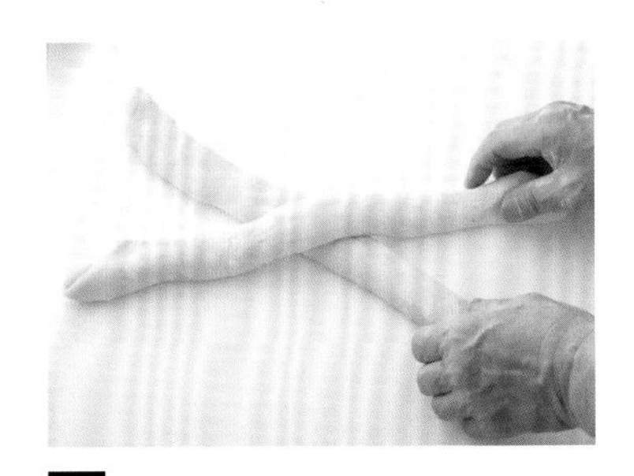

**29** 2 條麵團交錯。

將 2 條麵團相互交錯擺放。

**30** 將麵團纏繞在一起。

從交錯處開始纏繞。

> 纏繞的部分因為有施以均等力道排出氣體，所以在交纏處的形狀很均一。

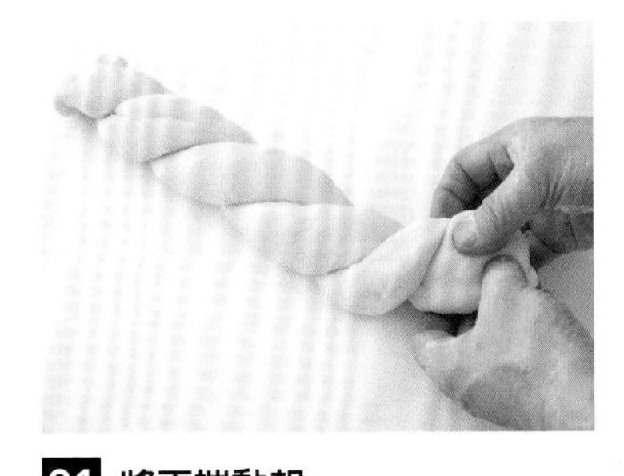

**31** 將兩端黏起。

纏繞完畢後確實按壓兩端黏起。

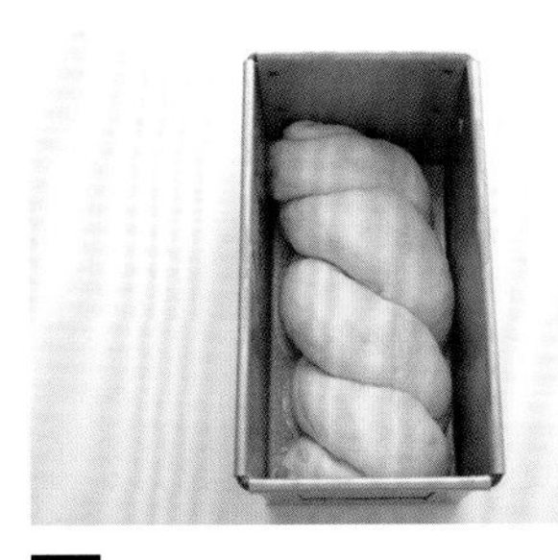

**32** 放入模型進行 1 小時的最後發酵。

放入模型內蓋上蓋子，移至溫暖處進行 1 小時的最後發酵。

> 交纏的麵團比吐司模還要長一些，所以要用輕壓方式放入模型內。溫度超過30℃奶油會融化，所以要特別注意發酵溫度。

**33** 完成發酵，進入烘烤階段。

打開蓋子確認麵團是否膨脹至八分滿。然後蓋回蓋子，放入烤箱以 200℃烘烤約 30 分鐘。烤好後立即將模型朝工作台輕敲去除麵團中的水氣，接著將吐司取出擺在鐵網上放涼。

因爲不需要蓋上蓋子烘烤，所以外觀上比方型吐司還要膨脹，
烘烤出香脆的輕盈口感。

# 山型吐司

Pain de mie anglais

## 山型吐司口感香脆。

做麵包的樂趣就在於**同樣的麵團在改變形狀後，烘烤出來的口感也會有所不同**。其中比較好理解的例子就是吐司當中的「方型吐司」和「山型吐司」。

方型吐司的做法在 p.38 已經有說明，由於是蓋上蓋子烘烤，所以會抑制膨脹程度，讓麵團組織變得緊緻，水分也不會蒸發而留在麵團中產生濕潤感。

而山型吐司不需要蓋上蓋子烘烤。因此麵團會大幅向上膨脹，進而超過模型之外，所以縱向的組織會比較粗大，水分也會被蒸發掉。這就表示與方型吐司相比，山型吐司完全是對照版，**表面的皮薄且麵團組織較粗大，烘烤後會產生較大的氣泡孔洞**。

只要有吃過吐司應該就不難發現兩者之間的差異，所以務必試吃看看。山型吐司的外皮薄脆，麵團的內側則是帶有輕盈的口感。如果塗抹上大量的奶油和果醬，薄脆的地方就會變得有些濕潤，是讓人會上癮的口感。

## 讓麵團持續膨脹下去。

山型吐司會呈現 2 個山峰的外型，在模型內放入 2 個捲起的麵團後烘烤，就是爲了讓麵團能夠充分膨脹成形。由於麵團不需要像方型吐司那樣交錯，所以麵團會持續往外膨脹延伸。

**而為了提升麵團的膨脹能力，就必須稍微加強揉麵力道**。一旦揉麵力道越大，麩質會變得更強壯，那麼膨脹能力就會越好。但是也不要過度用力去揉麵，只要「加強」力道即可。

**材料（2 條份）**

方型吐司的麵團（➡p.38）…… 全部
雞蛋（塗抹用蛋液）…… 適量

**事前準備**

- 奶油置於室溫下，測試是否恢復至手指下壓立即凹陷的硬度狀態（夏季在揉壓麵團時奶油容易變得太軟，所以不需要恢復至室溫程度，最好是直接在冰涼狀態下就直接以手按壓使其變得柔軟）。
- 模型內塗抹上一層薄薄的油脂（奶油或市面上販售的脫模油等）。

**特別準備物品**

擀麵棍、上尺寸9.5㎝×19.5㎝×高9.5㎝的吐司模2個、毛刷

## 製作流程

**揉麵**
揉麵溫度 25℃

▼

**第一次發酵**
1 小時 30 分
（1 小時 ➡ 擠壓空氣 ➡30 分鐘）

▼

**分割**
230g

▼

**靜置時間**
20 分

▼

**成形**
- 捲起麵團。
- 模型放入 2 個麵團。

▼

**最後發酵**
1 小時 10 分

▼

**烘烤**
塗抹蛋液
200℃ 30 分

## 山型吐司的做法

**1 靜置時間結束。**

揉麵～靜置時間和「方型吐司」（➡p.38）1～23步驟相同。

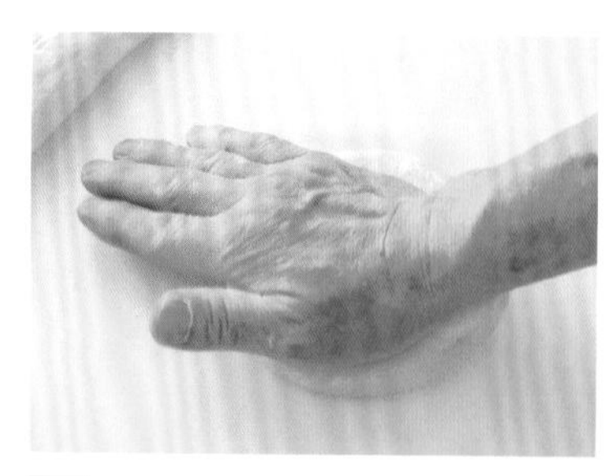

**2 擠壓空氣。**

麵團上下翻面放置在工作台上，兩手一邊用力按壓擠出氣體，一邊壓扁為圓形。

分割後整成圓形將平滑表面朝下，這樣最後的表面才會變得平整。

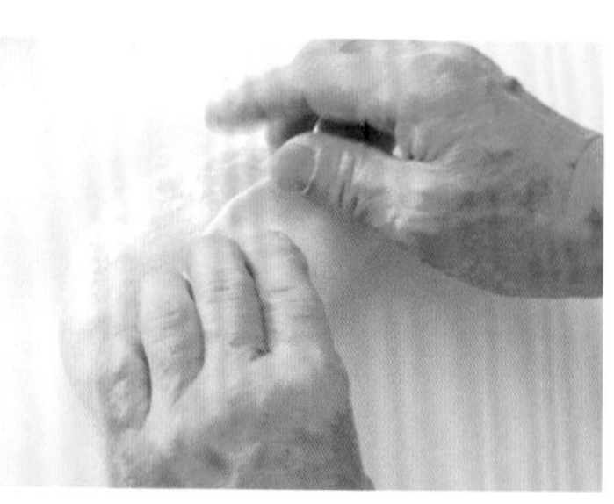

**3 捲起麵團。**

與「方型吐司」25～27步驟相同，將麵團折起做出麵團中心。

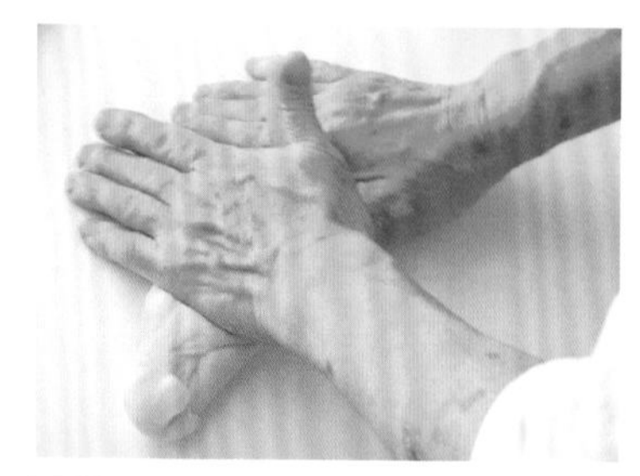

**4 先整成棒狀。**

麵團的接合處朝下，兩手從中央往左右兩端轉動，整成約 25cm長的棒狀。

轉動至麵團可延展的程度即可。

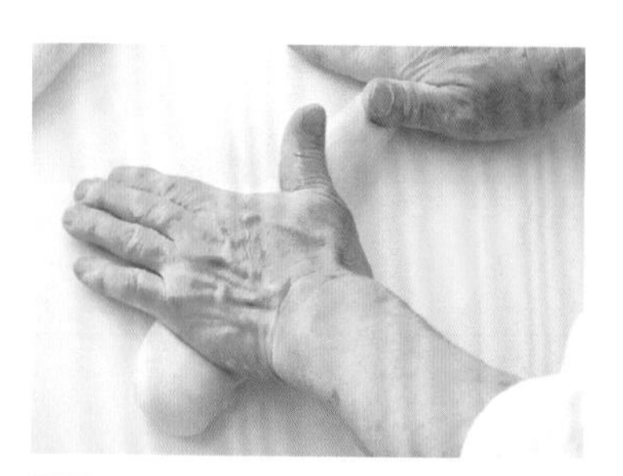

**5 接著將右側搓細。**

兩手放在麵團上，右手用力邊按壓邊轉動。

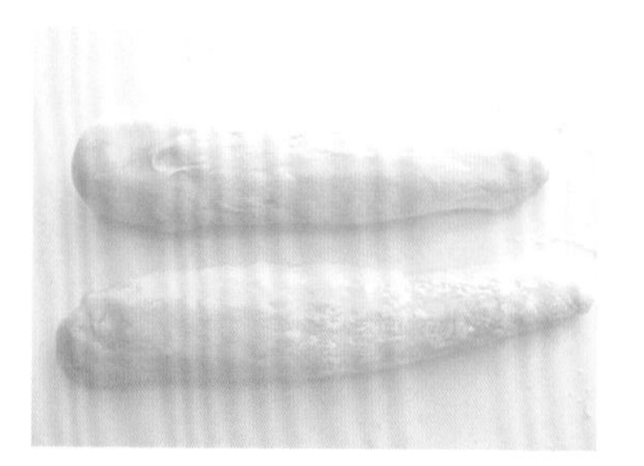

**6 麵團搓揉成球棒形狀。**

只有右側變細的球棒外型。

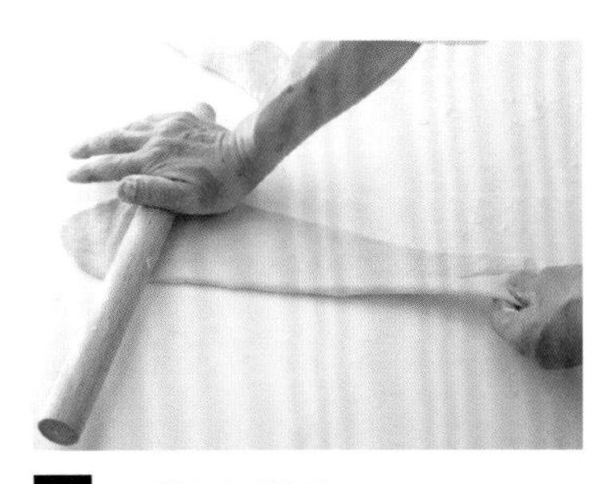

## 7 以擀麵棍擀薄。

麵團接合處朝上，縱向將麵團較細的部分靠近自己，以擀麵棍擀成約 32cm長。

會呈現飯杓的形狀。隨著擀麵棍的轉動能讓麵團的質地變細緻，烘烤後組織會很綿密。

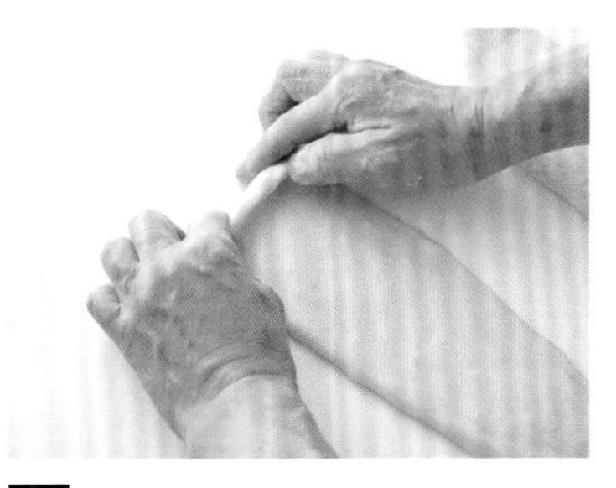

## 8 做出麵包捲的中心。

由上往下捲起。

麵包捲會成爲麵團成形後的中心，所以要確實捲起。

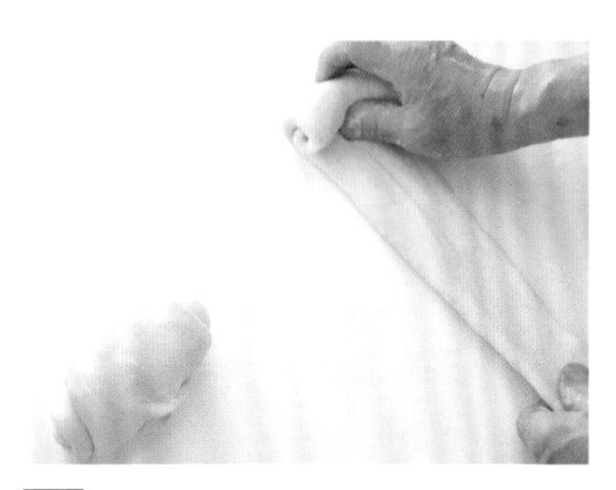

## 9 將麵團往下拉。

捲麵的同時下拉延伸。

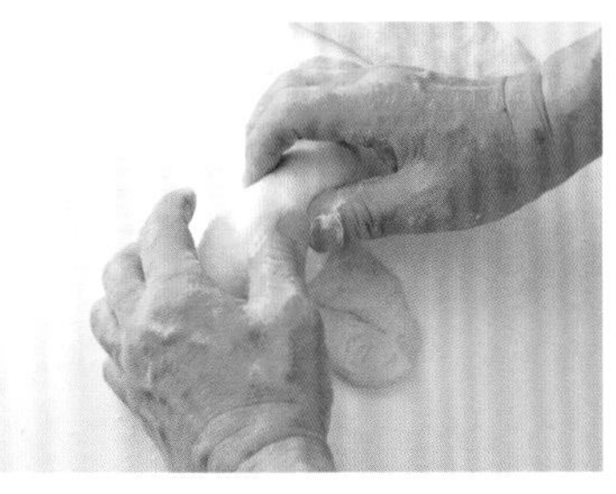

## 10 捲起麵團。

一手拉著麵團，另一隻手則是將麵團往下捲起。

這個時候不需要用力，只要輕輕地將麵團捲起。如果捲得太緊，烘烤時會不容易膨脹。

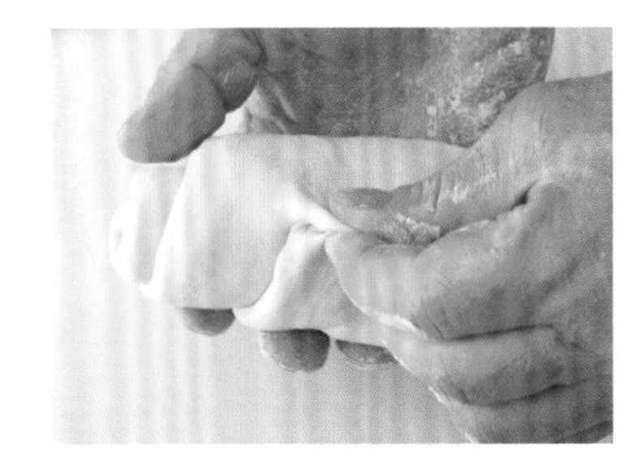

## 11 接合處緊貼附著。

手指抓住接合處，確實緊貼起來。

## 12 模型內放入 2 個麵團。

將 2 個麵團接合處朝下放入模型內。

由於 2 個麵團會互相擠壓在模型內膨脹，所以擺放時要有相同的間距。

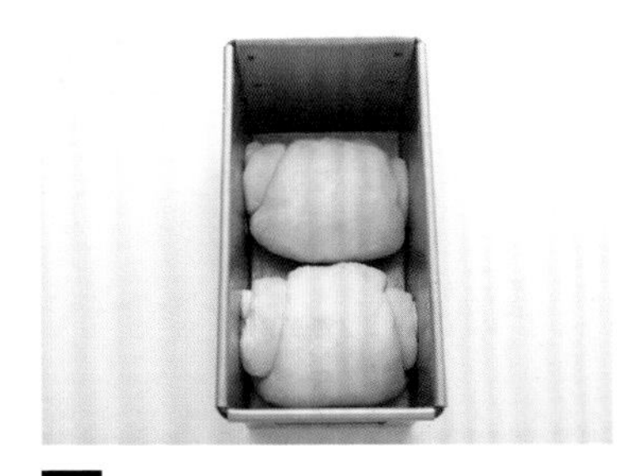

## 13 最後發酵為 1 小時 10 分。

寬鬆地覆蓋撒上手粉的保鮮膜，移至溫暖處進行 1 小時 10 分的最後發酵。

爲避免奶油融化，溫度不要超過 30℃。

## 14 最後發酵結束。

當麵團整個膨脹緊貼到模型邊緣，就完成了最後發酵。

因爲在沒有蓋子的狀態下發酵，麵團的溫度容易下降，所以最後發酵時間比「方型吐司」多了 10 分鐘。

## 15 塗抹蛋液以 200℃烘烤 30 分。

雞蛋打散後以毛刷塗抹 2 次，接著放入烤箱以 200℃烘烤 30 分鐘。烘烤完成後立刻把模型輕敲工作台，去除其中的水蒸氣，然後將吐司取出擺在鐵網上放涼。

# 胚芽吐司

## Pain de mie aux germes de blé

吐司裡不要放入「混雜物」是我個人的堅持，畢竟是每天都會吃到的東西，所以還是簡單些比較好。不過這個胚芽吐司倒是唯一的例外。擁有濃郁的香氣，加在吐司內就能大幅提升麵包整體的風味。不過加入胚芽後麵團會變得有黏性，因為胚芽會產生乾澀感，所以為了平衡口感會加入蜂蜜，達到緩和味道的效果。**一開始麵團會顯得濕黏而不易揉捏，但最後終究還是能揉出完整的麵團**，這部分請放心。

## 材料（2條份）

高筋麵粉 (Super Camellia) …… 500 g
脫脂奶粉 …… 9 g
小麥胚芽 …… 38 g
速發酵母粉 …… 9 g
砂糖 …… 15 g
鹽 …… 9 g
蜂蜜 …… 20 g
水 …… 385 g
無鹽奶油 …… 27 g
雞蛋（塗抹用蛋液）…… 適量

胚芽是小麥胚乳（研磨後就是麵粉）以外的部分，含有豐富的維他命和礦物質，並且帶有濃郁香氣。

## 事前準備

- 奶油置於室溫下，測試是否恢復至手指下壓立即凹陷的硬度狀態（夏季在揉壓麵團時奶油容易變得太軟，所以不需要恢復至室溫程度，最好是直接在冰涼狀態下就直接以手按壓使其變得柔軟）。
- 模型內塗抹上一層薄薄的油脂（奶油或市面上販售的脫模油等）。

## 特別準備物品

擀麵棍、上尺寸 9.5cm× 19.5cm×高 9.5cm的吐司模 2 個、毛刷

## 製作流程

| | |
|---|---|
| ▼ 揉麵 | 揉麵溫度 25℃ |
| ▼ 第一次發酵 | 1 小時 30 分（1 小時➡擠壓空氣➡30 分鐘） |
| ▼ 分割 | 160g |
| ▼ 靜置時間 | 20 分 |
| ▼ 成形 | ◉ 捲起麵團。◉ 模型放 3 個麵團。 |
| ▼ 最後發酵 | 1 小時 10 分 |
| ▼ 烘烤 | 塗抹蛋液 200℃ 30 分 |

## 做法

**1** 麵粉和脫脂奶粉混合過篩倒入碗裡，接著放入小麥胚芽、酵母粉、砂糖、鹽後，以刮刀攪拌均勻（a）。

**2** 蜂蜜加入些許份量內的水稀釋，然後倒入1。再將剩下的水倒入，以刮刀混合，讓麵粉吸收水分。

**3** 揉麵～第一次發酵和「方型吐司」（➡p.38）4～19的步驟相同（b、c）。

**4** 將麵團分割為6個160g的份量。托盤撒上手粉放上麵團，寬鬆地覆蓋灑有手粉的保鮮膜。移至溫暖處靜置約20分鐘。

**5** 之後的成形～烘烤的步驟都和「山型吐司」（➡p.44）2～15的步驟相同（d），只不過模型內要各放入3個麵團。

**a**

脫脂奶粉直接和液體接觸會產生顆粒，所以要先和麵粉混合過篩。然後再加入小麥胚芽和其他材料後，混和攪拌均勻。至於蜂蜜因爲黏稠不好混合，所以要先加水溶成液體狀。

**b**

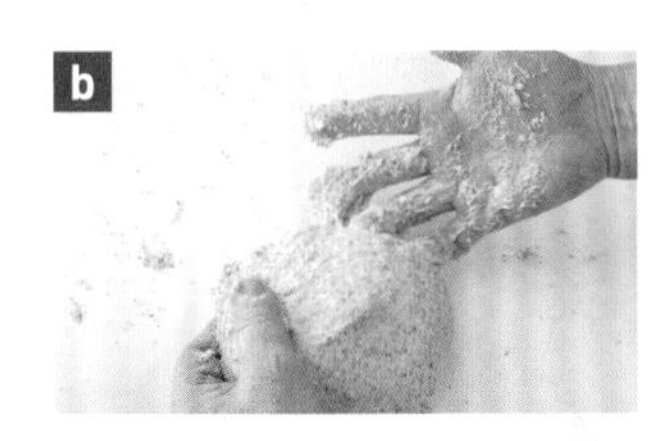

加入胚芽的麵團變得黏稠，一開始不好揉捏，不過只要順著手腕的自然轉動，之後麵團就不會再沾黏在工作台和手上。

**c**

最後會變成如此平滑的麵團。爲了讓脆弱的麵團能順利膨脹，所以使用高筋麵粉，而且在揉麵過程中就會產生麩質。

**d**

模型內各放入 3 個捲起的麵團後就可以烘烤了。

# 牛奶麵包
Pain au lait

利用方型吐司的麵團來改變麵包的外型。**牛奶麵包可以作為塗抹果醬的餐包食用，或是火搭配火腿和起司等食材也相當美味**。這個食譜可做出 12 個麵包，在烘烤時是一次在烤盤放上 6 個麵團，放入烤箱的上下層同時烘烤。**因為麵包如果分兩次烘烤，發酵狀態會有所不同，所以最好還是一次將所有麵團送入烤箱**。但若是上下層的表層烤色出現差異，別忘了在中途自行調整烤盤的上下層位置。

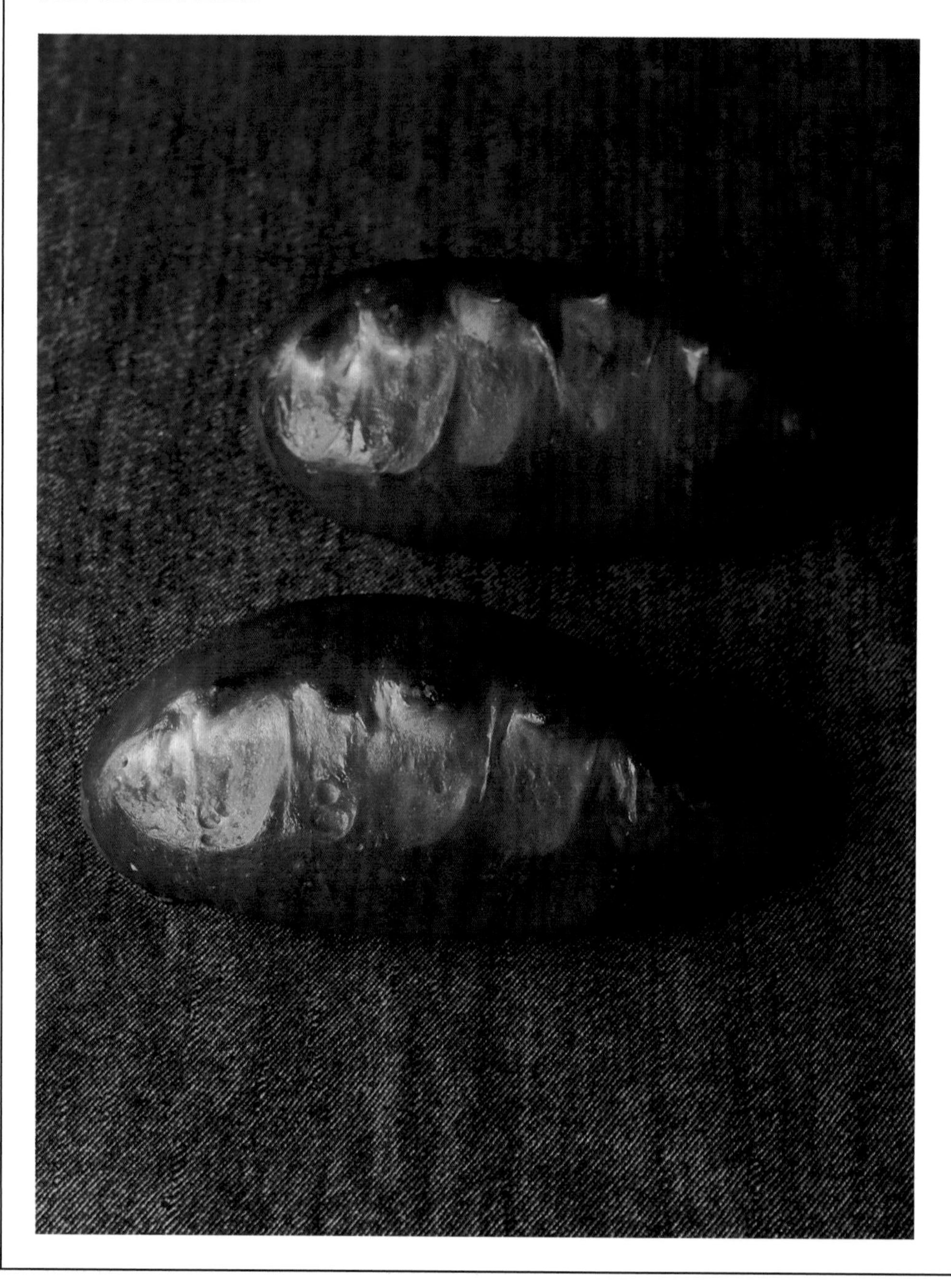

## 材料（12個份）

方型吐司的麵團（➡p.38）…… 全部
雞蛋（塗抹用蛋液）…… 適量

## 事前準備

- 奶油置於室溫下，測試是否恢復至手指下壓立即凹陷的硬度狀態（夏季在揉壓麵團時奶油容易變得太軟，所以不需要恢復至室溫程度，最好是直接在冰涼狀態下就直接以手按壓使其變得柔軟）。

## 特別準備物品

毛刷、剪刀

## 製作流程

| | |
|---|---|
| ▼ 揉麵 | 揉麵溫度 25℃ |
| ▼ 第一次發酵 | 1小時30分（1小時➡擠壓空氣➡30分鐘） |
| ▼ 分割 | 80g |
| ▼ 靜置時間 | 20分 |
| ▼ 成形 | 長約12㎝的細長橢圓形。 |
| ▼ 最後發酵 | 1小時 |
| ▼ 烘烤 | • 塗抹蛋液。<br>• 剪刀剪出刀痕。<br>200℃ 15分 |

## 做法

**1** 揉麵～第一次發酵和「方型吐司」（➡p.38）1～19的步驟相同。

**2** 分割成12個80g的麵團。

**3** 麵團整成細長狀，托盤撒上一層薄薄手粉。托盤上寬鬆地覆蓋灑有手粉的保鮮膜，移至溫暖處靜置約20分鐘。

**4** 麵團整成長12㎝的細長橢圓形（a）。

**5** 麵團接合處朝下擺放在烤盤上。寬鬆地覆蓋灑有手粉的保鮮膜，移至溫暖處進行約1小時的最後發酵。

**6** 將雞蛋打散，用毛刷塗抹蛋液2次（b）。

**7** 剪刀的刀刃沾水，朝6的上方橫向連續剪出6道切口（c）。

**8** 放入烤箱以200℃烘烤15分鐘。完成後擺在鐵網上放涼。

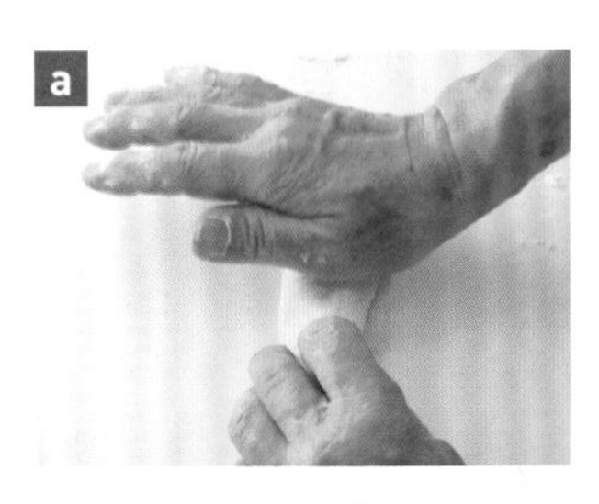

a 整成有點細長的橢圓形。麵團擀成圓形，從上往下對折約⅓，並以右手掌下壓使其附著，接著再次朝下對折⅓。然後再對半折起，同時以左手將接合處朝內側塞作爲中心。將接合處朝下，滾動整成12㎝長的橢圓形。

b 不只麵團上方，連側面都要塗抹蛋液。這樣就能烤出整體呈現焦黃色的成品。

c 在烘烤的過程中有切痕的麵團比較容易膨脹，內部所接收到的熱度也較爲均勻。爲了避免沾黏麵團，剪刀要先沾水。

# 巧克力 & 夏威夷豆

## Pain au chocolat et noix de macadamia

這種麵包就是在方型吐司麵團加入內餡的變化方式。**巧克力 & 夏威夷果可說是最佳夢幻組合**，不但味道相當契合，有咬勁的口感也十分搭配。其他推薦的組合還有腰果 & 蔓越莓、柳橙皮 & 巧克力、覆盆子 & 巧克力等。**500g 麵粉製成的麵團可自由搭配 160g 的內餡**。

## 材料（18 個份）

方型吐司的麵團（➡p.38）…… 全部
巧克力豆 …… 80 g
夏威夷豆 …… 80 g
雞蛋（塗抹用蛋液）…… 適量

## 事前準備

- 奶油置於室溫下，測試是否恢復至手指下壓立即凹陷的硬度狀態（夏季在揉壓麵團時奶油容易變得太軟，所以不需要恢復至室溫程度，最好是直接在冰涼狀態下就直接以手按壓使其變得柔軟）。
- 夏威夷豆稍微切碎。

## 特別準備物品

毛刷、剪刀

## 製作流程

| | |
|---|---|
| ▼ 揉麵 | 揉麵溫度 25℃ |
| ▼ 第一次發酵 | 1小時30分（1小時➡擠壓空氣➡30分鐘） |
| ▼ 分割 | 60g |
| ▼ 靜置時間 | 20分 |
| ▼ 成形 | 圓形 |
| ▼ 最後發酵 | 1小時 |
| ▼ 烘烤 | ● 塗抹蛋液。<br>● 剪刀剪出十字痕。<br>180℃ 15分 |

## 做法

1. 按照「方型吐司」（➡p.38）1～12的步驟揉麵。
2. 奶油和麵團整體混合在一起，在麵團仍會沾黏工作台和手的時候將其壓平，並放上巧克力豆和夏威夷豆（a）。將內餡包覆後繼續揉麵（b）。
3. 接著再以「方型吐司」13～19的相同步驟揉麵，然後進行第一次發酵。
4. 分割成18個60g的麵團。
5. 麵團整成圓形，托盤撒上薄薄一層手粉。寬鬆地覆蓋灑有手粉的保鮮膜，移至溫暖處靜置約20分鐘。
6. 將麵團整成圓形。做法與「布里歐麵包」（➡p.60）24～26的步驟相同。
7. 麵團放在烤盤上，寬鬆地覆蓋撒上手粉的保鮮膜，移至溫暖處進行約1小時的最後發酵。
8. 雞蛋打散後，用毛刷塗抹麵團2次。剪刀沾水在麵團上面剪出小的十字（c）。
9. 放入烤箱以180℃烘烤約15分鐘，完成後擺在鐵網上放涼。

a

麵團壓扁，放上餡料後將麵團包覆，然後持續揉麵。這樣就能有效率將麵團混合均勻。

b

放入內餡的時間點是在麩質產生，但還不強勁的時候，麵團還呈現些許沾黏的狀態。若還持續揉麵一陣子再加入內餡，麵團會因為產生筋性而無法混合均勻，反倒要費更多力氣去揉麵。而且過度揉麵會造成麵團本身的麩質過於強勁，以及揉麵溫度上升，這些都會帶來不好的影響。

c

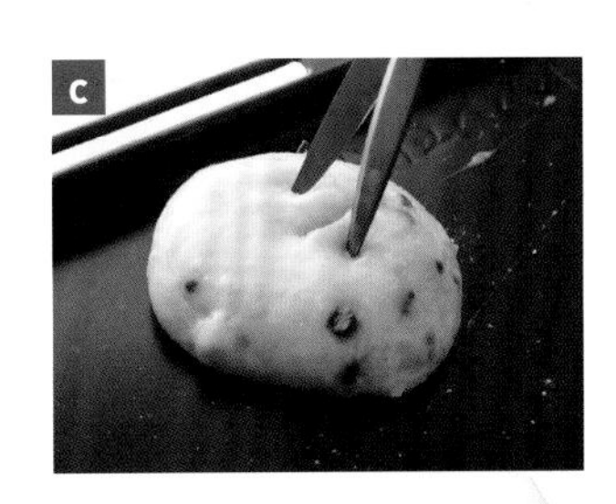

十字痕在烘烤過程中會裂開，麵團比較容易膨脹，而且麵團內側吸熱程度也會比較好。

### Chef's voice

如果烤盤一次能放上6個麵團，那就需要有3個烤盤。2個烤盤可同時放入烤箱的上下層烘烤。若是加熱程度有所差異，可以在烘烤途中，更換上下層烤盤來做調整。至於剩下的那1個烤盤，要在最後發酵結束後放入冰箱，這是為了避免麵團持續發酵，等到之前的2個烤盤烘烤完成前的15分鐘前，再將烤盤取出置於室溫下，接著再放入烤箱烘烤。

因爲最後發酵讓麵團表面變乾燥，採用有別與以往的做法。
這就是烤出像是地上的方塊石一樣的方型麵包技巧。

# 帕芙麵包

Pavé

## 最後發酵讓表面變得乾燥。

這種麵包的名稱是「帕芙」，法語意思是方塊石。不覺得從外觀看起來眞的是如此嗎？這種麵包是我自己構思而來的。要做出表面爲平坦的方型，側面有些膨脹的麵包，其實還是有技巧存在的。

最重要的一點就是**麵團切割為方型，表面塗抹蛋液再進行最後發酵**。**通常是會在發酵過後再塗抹蛋液**，不過這裡的順序卻是相反。而且也與一般的製作流程不同，最後發酵不需要覆蓋保鮮膜，因爲就是要**刻意讓麵團表面呈現乾燥狀態**。

這麼做的原因在於比起一般的麵包會膨脹爲山型，這種帕芙麵包是要刻意製造出平坦的表面，所以會在最後發酵前就塗抹蛋液並讓其乾燥，這樣表皮就會朝橫向延伸。在烘烤過程中，由於麵團的表皮被擠壓住，所以不會向上膨脹而呈現平坦狀態。也因爲如此，讓不會向上膨脹的麵團往側面膨脹成這種形狀。另外**不必擔心麵團的乾燥問題，所以很方便在家製作**。

## 成形後可以冷凍保存！

麵團的部分和方型吐司、山型吐司完全相同，因爲這種麵團的優點就是不論甜味或是鹹味都很適合。只不過不能採用麵包捲那樣的吃法，所以建議可以參考 p.57 的三明治的吃法。

而麵團切割爲方型後則是能直接放入冰箱冷凍保存。等到要烘烤時再取出置於室溫下 1 小時左右，進行完最後發酵再放入烤箱烘烤。

**材料（24 個份）**

方型吐司的麵團（➡p.38）…… 全部
雞蛋（塗抹用蛋液）…… 適量

**事前準備**

◉ 奶油置於室溫下，測試是否恢復至手指下壓立即凹陷的硬度狀態（夏季在揉壓麵團時奶油容易變得太軟，所以不需要恢復至室溫程度，最好是直接在冰涼狀態下就直接以手按壓使其變得柔軟）。

**特別準備物品**

擀麵棍、噴霧器、尺、毛刷

**Chef's voice**

要冷凍帕芙麵包的麵團時，只要先將麵團切割方型（➡p.56 **6**）狀態直接放入保存袋中即可，可保存約一個星期時間。取出後放置在室溫下1小時，等到麵團溫度恢復，接著在表面塗抹蛋液進行最後發酵，然後再烘烤。這個食譜可以做出大量的麵團，所以請冷凍保存後再一一進行烘烤。如此一來，每個週末的早餐就都可以吃到夢寐以求的現烤麵包了！

## 製作流程

**揉麵**
 揉麵溫度 25℃

▼

**第一次發酵**
1 小時 30 分
(1 小時 ➡ 擠壓空氣 ➡ 30 分鐘)

▼

**分割**
切成 2 等分

▼

**成形**

- 擀成厚度 1cm、4cm× 20cm。
- 折成 3 折。
- 冰箱冷藏 2 小時或是冷凍 1 小時。
- 分割成 4cm的方型。

▼

**最後發酵**
塗抹蛋液
 1 小時

▼

**烘烤**
 200℃ 15 分

## 帕芙麵包的做法

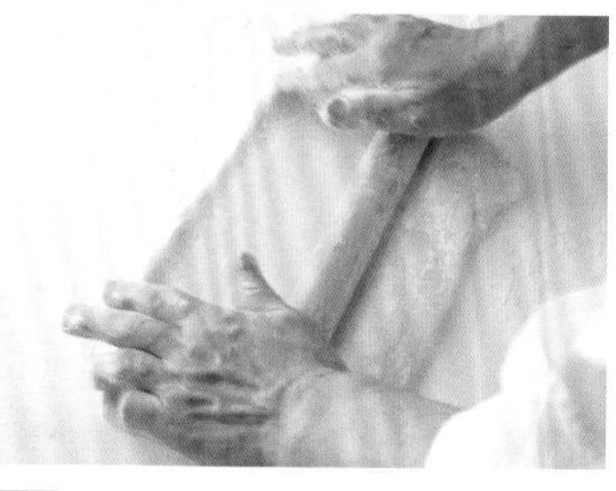

### 1 擀平「方型吐司」麵團。

按照「方型吐司」(➡p.38) 1～19的相同步驟揉麵至第一次發酵。第一次發酵結束後分割成 2 等分，並別以擀麵棍擀成厚度 1cm、40cm× 20cm的長方形。

為方便作業而切成一半。

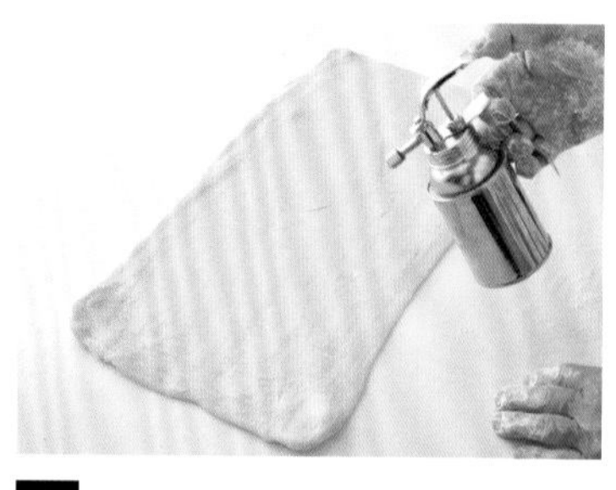

### 2 噴水。

橫向擺放，朝整個麵團均勻噴水。

噴水的作用是為了讓3的麵團可以緊貼附著。如果沒有噴霧器，也可以使用毛刷塗抹一層薄薄的水。

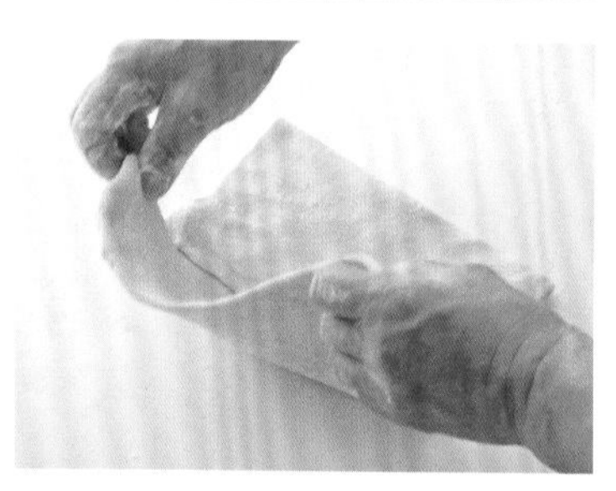

### 3 折成 3 折。

左右均等折成 3 折。

左右個別對折，手按壓麵團使其附著。

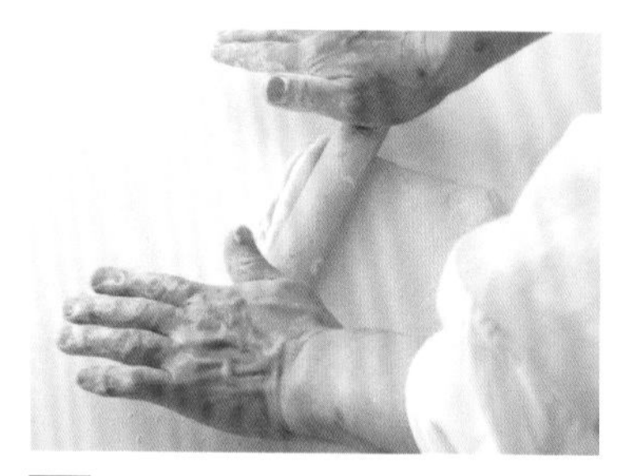

### 4 以擀麵棍調整形狀。

轉動擀麵棍調整麵團形狀。

一邊讓折起的麵團黏貼著，一邊調整形狀，因為同時以擀麵棍朝整體轉動，所以麵團中的氣泡會變小且均勻散布。

### 5 放入冰箱冷藏或冷凍。

擺放在托盤上放入冰箱冷藏 2 小時，或是冷凍 1 小時，讓麵團冷卻。

為了在下一個步驟可以切出漂亮的方型，麵團中心也都要確實冷卻變硬。放入冷凍時，要注意不要讓麵團呈現冰凍狀態。

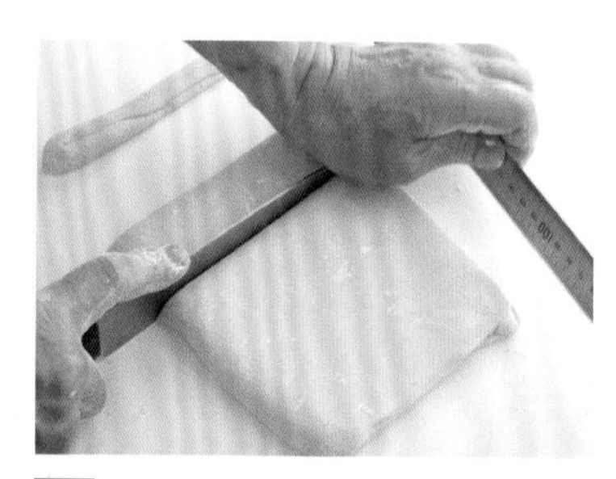

### 6 切成 4cm的方型。

為了切出工整形狀，刀子朝四邊切除些許部分，然後切成 4cm的方型。

一個麵團可以切成 12 個方型。

**7** 塗抹2次蛋液。

雞蛋打散，毛刷在麵團表面塗抹2次蛋液。

**8** 進行1小時的最後發酵。

在烤盤上隔出間距擺放麵團，移至溫暖處進行1小時的最後發酵。

這種麵包爲了讓表皮擴張，會刻意讓麵團表面呈現乾燥狀態，所以最後發酵請不要覆蓋保鮮膜。

**9** 以200℃烘烤15分鐘。

放入烤箱內以200℃烘烤15分鐘，完成後擺在鐵網上冷卻。

最後發酵結束時，麵團的厚度會膨脹約1.5倍，表面則是會呈現有一層乾燥薄膜覆蓋的狀態。

## 帕芙麵包的變化

# 帕芙麵包三明治

*Pavé en sandwich*

一口尺寸的帕芙麵包直接吃進嘴裡就十分美味了，但還是推薦各位可以夾入內餡做成三明治。

### 材料（1個份）

帕芙麵包……1個
芥末奶油（➡p.33）……適量

◎內餡
萵苣……½片
切達起司……½片
煙燻火腿……½片
切片番茄……½片

### 做法

1. 帕芙麵包切半，從上往下斜切能讓內餡看得更清楚，提升美味程度。
2. 切口部分均勻塗抹上芥末奶油，然後夾入內餡。

# 書中所出現的做麵包關鍵字

**要介紹在書中出現的做麵包關鍵字當中，特別重要的字句和表現方式。**

麵團最重要的關鍵

## 麩質

麩質是指只有小麥所含有的蛋白質所產生的網狀組織。麵粉加水揉捏過後，就會產生具備韌度與彈性的麩質。而麵團的最重要關鍵就是麩質。**因為麩質的強度，以及揉麵的力道，都會讓烘烤後的麵包產生不同的口感。**

**至於如何決定麩質的強度，主要是有2個要素存在。第1個是麵粉裡含有多少的蛋白質，另一個則是揉麵力道的大小和花費的時間。**

基本上只要用力且長時間揉麵，就會產生強壯的麩質。只要記住麵團的麩質組織越強壯，揉捏所帶出的彈性就會增加。一開始結構鬆散的麵團，只要持續揉捏就能讓麩質的組織更加緊密強勁，而呈現出柔軟且彈性佳的狀態。按壓麵團能感覺到反彈的力量，延展性也十分良好。搓揉成圓形放在桌上，會朝著橫向擴張，不會向下塌陷，外觀看起來像是麻糬那樣的形狀，這就是麩質所產生的力量。

只不過在這樣的狀態下，如果再繼續揉麵，彈力就會更加提升，簡直就像橡膠的狀態，這就表示麵團的揉捏已經過度。如果再繼續揉麵，不久後就會跟使用已久的橡膠一樣失去彈性。

以麵包的口感來說，擁有強壯麩質的麵團能夠充分膨脹，營造出份量感與蓬鬆感，其中的代表就是吐司和甜麵包。

麵團的展現方式

## 「筋性」「彈性」「延展性」「咬勁」

做麵包時經常會聽到這4個形容詞，**簡單來說「筋性」和「彈性」是相同的意思，也就是麵團的彈力。**所謂的筋性強且有彈力的麵團，就是指按壓麵團時，能夠強烈感受到麵團回彈力道。

**至於「延展性」就如同字面上的意思，是指撐開麵團時的擴張能力。**

**而「咬勁」雖然是用來形容麵團烘烤後的狀態，不過也能代表咬下去的口感。有咬勁的麵團是指要用力咬斷的麵團，而沒有咬勁的麵團則是只要用前齒就可以輕易咬斷的口感。**

但其實這些形容詞都和麩質有關聯。筋性和彈性是指產生彈力，延展性也是因爲麩質才會出現，至於能決定烘烤後麵包的咬勁強弱的關鍵也是麩質。雖然說麵團中除了麩質以外，還具備有許多的要素，但是麩質絕對是很重要的部分。那是因爲在麵團的揉捏、發酵、靜置、成形等過程，都和麩質脫不了關係。

改變揉麵的方式

## 強壯的麵團、脆弱的麵團

麵團有強弱之分，強壯的麵團有吐司、甜麵包等種類，主要都是使用高筋麵粉，加入雞蛋、砂糖、奶油的麵團。由於使用了高筋麵粉，所以會產生大量的麩質，再加上加入的副食材會妨礙麩質的形成，**因此不論花多大力氣揉麵都不會造成影響，這種狀態就稱之為強壯的麵團。**

另一方面，脆弱的麵團則是指以麵粉、水、酵母粉（還有鹽），所製作出的像是法國麵包那樣的麵團。形容成脆弱可能有些語病，**應該解讀為「敏感的麵團」**。因爲是使用了有限的食材，並以最少量的酵母來進行發酵，需要特別溫柔對待，所以才會稱之爲脆弱的麵團。

PART 3

# 布里歐麵團

加入奶油、砂糖和牛奶味道豐富的麵團，

咬下去就像是在吃甜點。

在法國各地都有很多種布里歐麵包，

有趣的是這些麵包的外型和味道都有些許的差異存在。

接著就來介紹這些種類豐富的布里歐麵包吧！

口感濃厚的一種甜麵包。法文當中的 tête 是代表「頭」。
其具特色的外型據說是仿效僧侶的姿態。

# 布里歐麵包

## Brioche à tête

### 利用自我分解（autolysis）讓麵團自然產生麩質。

在麵包當中，材料最爲豐富的就是布里歐麵包。由於加入了大量的雞蛋，所以麵團會呈現黏稠且富含水分的狀態。基本上這種麵團需要用手揉捏至少 30 分鐘，不過只要按照我的食譜做法，揉麵時間就只需要花費 10 分鐘左右。這其中的祕密就在於「自我分解」作用。

**自我分解的意思就是指將麵團揉捏至 2～3 成的程度，就停止動作，讓麵團在靜置 30 分鐘狀態下吸收水分，然後自然形成麩質**。經過自我分解的麵團會出現顯著的變化，會產生彈性且延展力也會變好。本來法國麵包的秘訣就是不需要過度揉捏，而布里歐麵包的做法也驗證了這樣的道理。因爲採用自然分解方式，就能夠縮短揉麵的時間。原因就在於麵團的溫度不會持續上升，所以能在良好的狀態下進入到發酵階段。也就能自然產生麩質，經過烘烤後呈現出輕盈的口感。這樣的自然分解作用，可以說是對布里歐麵包好處多多呢！

### 不容易失敗，麵團能夠冷藏保存 2 天。

加入大量砂糖和奶油的布里歐麵包，在法國就像是甜點那樣受歡迎，從以前開始每個家庭都經常做這種麵包。而且**麵團在經過第一次發酵後，就能放入冰箱冷藏保存 2 天時間。方便分作好幾次烘烤享用，基於這個優點就是個很適合在家中親手製作的麵包**。

不過麵團的奶油含量較多，而且比起其他麵包有更長的揉麵時間，所以要特別注意室溫，需要 20～23℃左右的環境下製作。雖然說不希望麵團的溫度降低，但是布里歐麵包卻是例外，最好還是在大理石或是不鏽鋼等材質的低溫工作台上操作。

**材料（18 個份）**

法國麵包粉 (LYS DO'R) …… 350 g
高筋麵粉 (Super Camellia) …… 150 g
速發酵母粉 …… 6 g
砂糖 …… 60 g
鹽 …… 12 g
雞蛋 …… 4 顆
牛奶 …… 120 g
無鹽奶油 …… 200 g
雞蛋（塗抹用蛋液） …… 適量

由於結構鬆軟，需要花時間揉捏，爲了要加強口感，所以不只是使用了法國麵包粉，也加入了高筋麵粉。

**事前準備**

- 模型內塗抹上一層薄薄的油脂（奶油或市面上販售的脫模油等）。
- 烤盤放入烤箱內預熱。
- 奶油置於室溫下，測試是否恢復至手指下壓立即凹陷的硬度狀態。

**特別準備物品**

口徑 8 cm×高 4 cm的布里歐麵包模 18 個、毛刷

由於準備的數量較多，也可以使用較厚的鋁箔製模型。不過由於此材質的熱傳導性較好，所以要注意溫度和烘烤時間。

## 製作流程

**揉麵**
［中途自然分解30分鐘］
揉麵溫度25℃

▼

**第一次發酵**
2小時
（1小時➡擠壓空氣➡1小時）

▼

**分割**
60g

▼

**靜置時間**
20分

▼

**成形**
圓形，放入模型內。

▼

**最後發酵**
1小時

▼

**烘烤**
塗抹蛋液
200℃　16分

## 布里歐麵包的做法

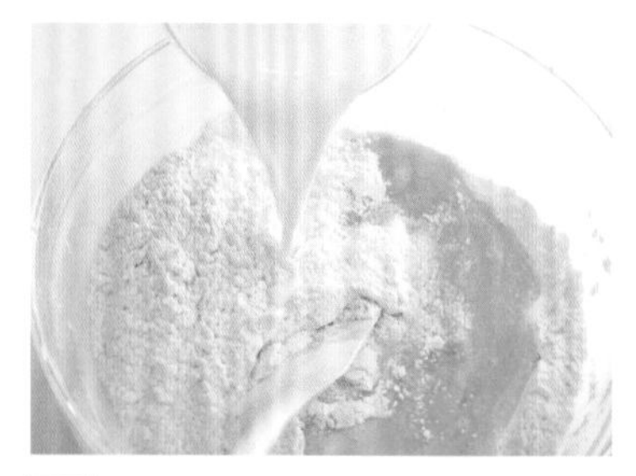

### 1 麵粉加雞蛋和半份牛奶混合。

碗裡放入過篩的麵粉、酵母粉、砂糖和鹽，以刮刀攪拌均勻。中央稍微弄出凹洞，加入所有雞蛋和一半的牛奶後，以刮刀混合攪拌。

### 2 加入剩下的牛奶混合攪拌。

麵粉會吸收水分，感覺到混合困難時，就再加入剩下的牛奶混合攪拌。

持續混合攪拌讓麵粉吸收水分，牛奶分兩次加入混合，攪拌會比較快速。

### 3 無顆粒狀態後移至工作台。

大概混合成一整塊的麵團，表面沒有麵粉顆粒後就移至工作台。

只要等到麵粉完全吸收水分即可。由於麵團的狀態還很鬆散，所以要用兩手在工作台上稍微施力揉成一整塊的麵團。

### 4 揉麵，朝工作台摔打。

以兩手指尖抓起麵團，稍微施力朝工作台摔打。

揉麵方式參照「揉麵方式A」（➡p.8）。由於麵團結構鬆散濕黏，所以只要用手指抓住即可。

### 5 麵團對折。

麵團摔打後對折，並持續變換麵團方向，並重複4～5的動作。

等到麵粉被水分充分滲透之後，就會開始產生麩質。

### 6 揉捏成塊，卻無法延展的狀態。

等到揉捏成塊，就要確認麵團狀態。

以兩手抓住麵團兩端，並試著延展麵團，差不多延伸至2～3cm就會破掉的狀態。這時就再持續揉麵約5分鐘，麵團完成度約2～3成的階段。

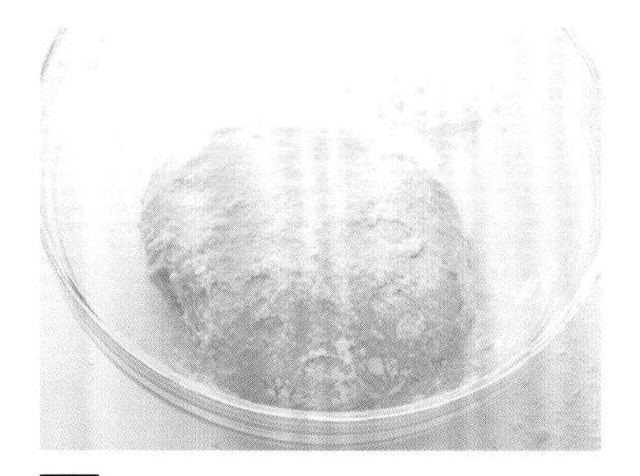

### 7 靜置30分鐘讓麵團自我分解。

**麵團整成圓形並放入一開始的碗裡，寬鬆地覆蓋灑有手粉的保鮮膜，放置在室溫下休息 30 分鐘。**

這個休息時間就是在進行自我分解，這 30 分鐘內麵團會變得有伸展性，延展度極佳。

### 8 自我分解過後。

**自我分解結束。**

經過 30 分鐘的休息時間，麵團前後狀態會出現明顯差異，組織整個變得緊密許多。

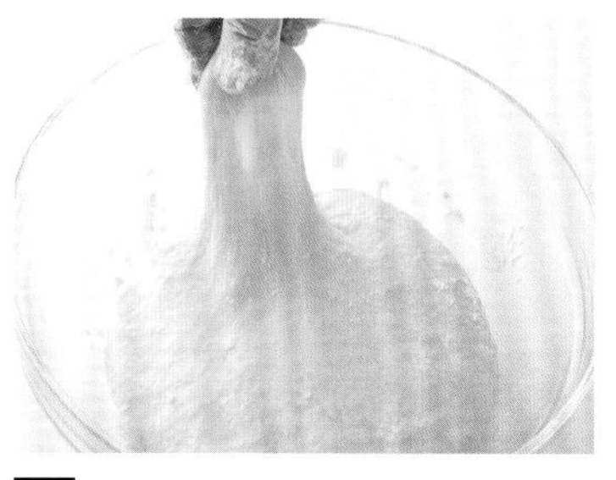

### 9 麵團延展性極佳。

**抓住麵團的一端往上拉，極具彈性且延展性佳。**

試著以和6的相同方式拉開麵團，會呈現快破掉的延展性極佳薄膜狀態。

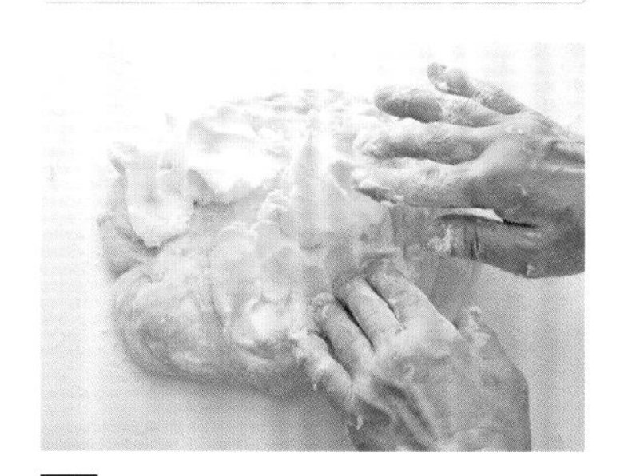

### 10 攤開麵團放上奶油。

**麵團移至工作台，並將其攤開放上奶油。**

由於這種麵團的揉麵時間較長，爲了不讓奶油在中途溶解，要在冰涼的狀態下用手溫柔按壓。奶油的溫度最好控制在比麵團還要低 2 ～ 3℃狀態。

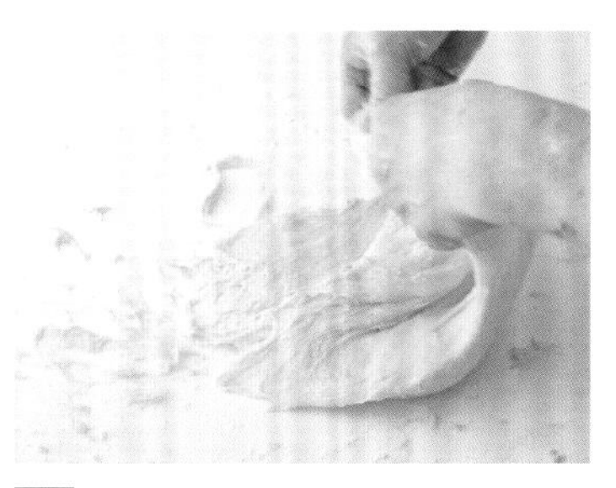

### 11 再次揉麵。

**將奶油包覆，再次重複4～5的動作。**

因爲麵團已經不會黏手，所以可以直接用手掌按壓。但由於手的溫度會讓奶油融化，所以若是麵團變柔軟要注意狀態。

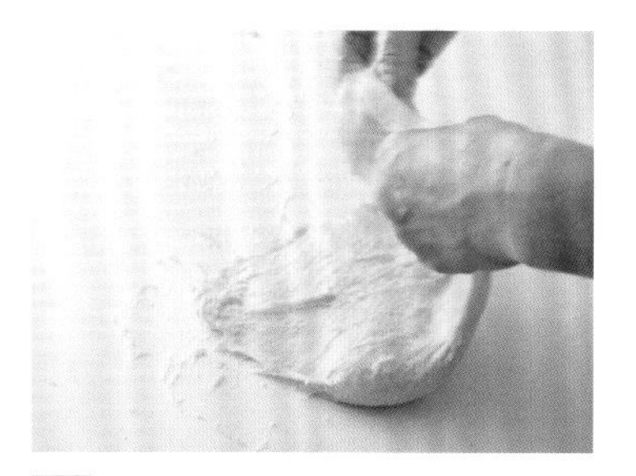

### 12 接著再用力持續揉麵。

**麵團產生麩質，開始不會沾黏在工作台和手上。**

因爲是加入高筋麵粉的組織強韌麵團，所以在對折時，可以將體重加壓在麵團上來增加強度。這種麵團就算是用力揉捏也沒問題。

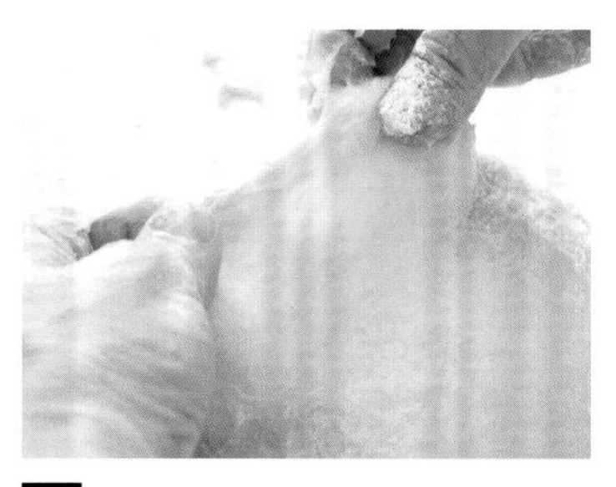

### 13 持續揉捏至麵團可薄膜延展。

**揉麵溫度為 25℃，要確認麵團狀態。**

如果表面沒有光澤感，就表示奶油和麵團已經混合。這時只要再揉 10 分鐘左右即可。雖感覺麵團仍柔軟，但其實已產生筋性，兩手抓住麵團的兩端拉開，會呈現快破掉的柔軟薄膜狀態。

### 14 第一次發酵需要 2 小時。

**麵團放入一開始使用的碗裡，寬鬆地覆蓋灑有手粉的保鮮膜，移至溫暖處進行 2 小時的第一次發酵。**

因爲是加入大量奶油的麵團，爲了不要讓奶油融化，請在溫度低於 30℃以下的環境進行發酵。

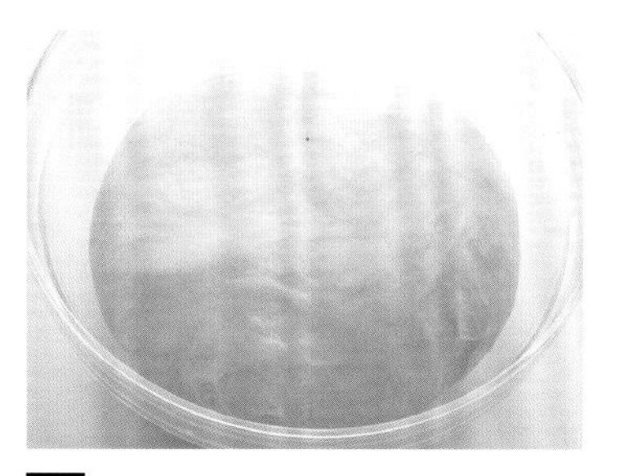

### 15 發酵經過 1 小時。

**麵團膨脹成發酵前的 1.5 倍大。**

這時是擠壓空氣的時機。不只是要注意時間，也必須確認麵團的膨脹大小。

接續p.64

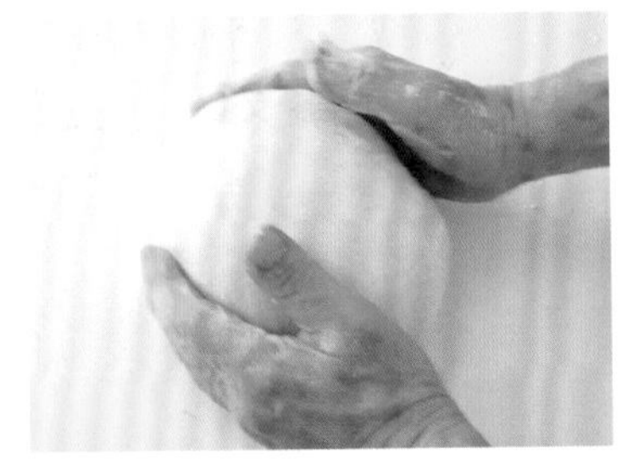

**16** 擠壓空氣。

將碗翻過來取出麵團放在工作台上，兩手按壓麵團排出氣體。

因爲是結構很紮實的麵團，所以要確實擠壓將氣體擠出。

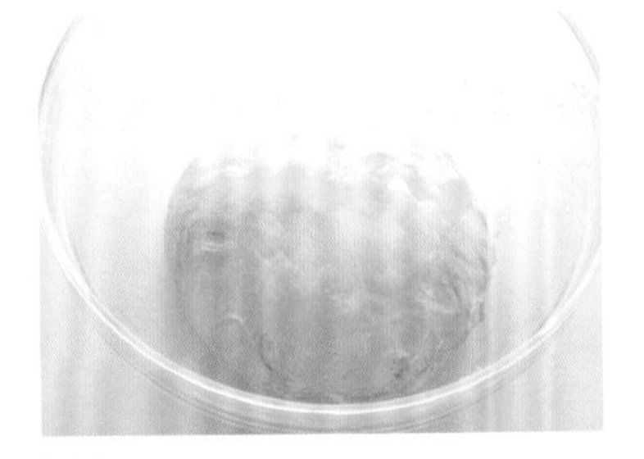

**17** 接著再進行1小時的發酵。

將手按壓的那一面包入內側並整成圓形，然後放回碗裡。寬鬆地覆蓋灑有手粉的保鮮膜，接著再進行1小時的發酵。

擠壓空氣的麵團會恢復發酵前的大小。

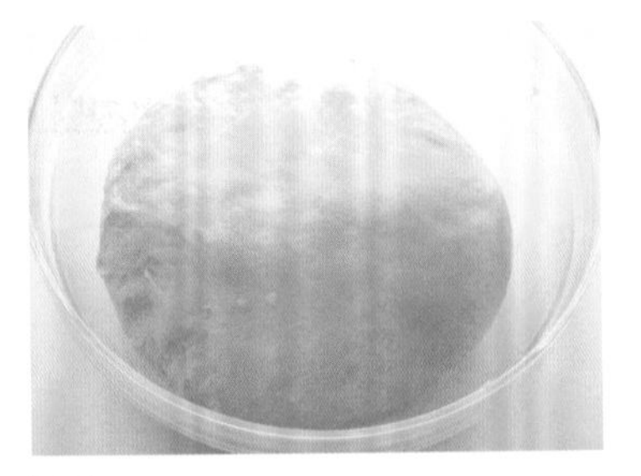

**18** 結束第一次發酵。

再次膨脹為發酵前的1.5倍大小，就表示第一次發酵結束了。

不只要注意時間，也必須依照麵團的大小來作判斷。

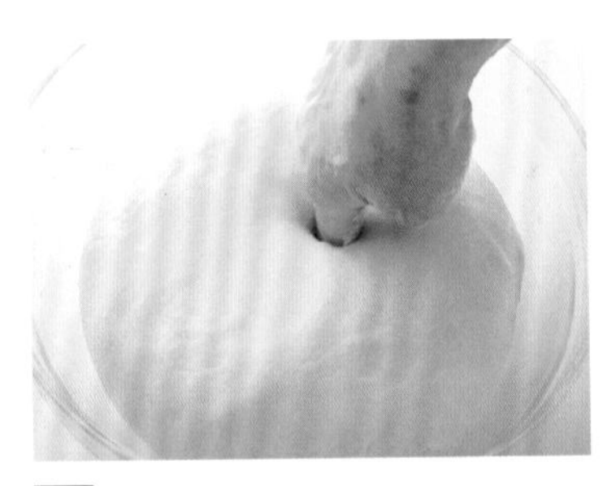

**19** 插入手指確認。

為了確認麵團狀態，將食指沾上手粉插入麵團內後立即抽出。

手指插入的孔洞如果有維持住，就表示是好的發酵狀態。要是孔洞縮回去，那就需要再繼續發酵些許時間。

**20** 擠壓空氣。

將碗翻過來取出麵團放在工作台上，直接以兩手輕壓擠出氣體，一邊將按壓面包進內側，並調整為容易切割的形狀。

將平整的那一面作爲表面，調整成枕頭形狀。

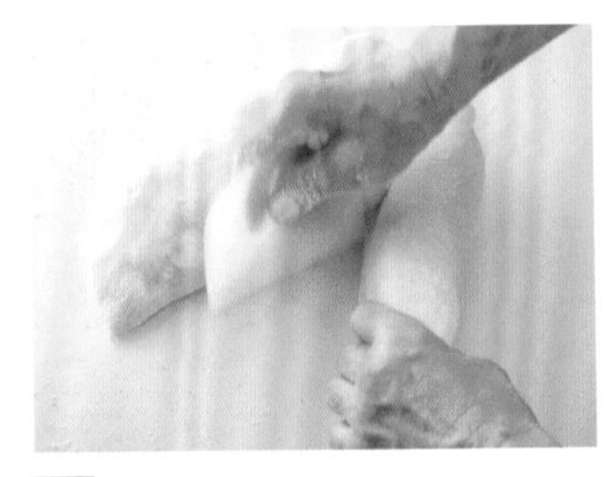

**21** 分割為60g。

以刮板分割為18個60g的麵團。

**22** 麵團搓圓，靜置20分鐘。

將麵團整為圓形，放置在撒上一層薄薄手粉的托盤上。寬鬆地覆蓋灑有手粉的保鮮膜，移至溫暖處靜置約20分鐘。

爲了讓麵團在之後容易呈現圓形狀態而整成圓形。

**23** 靜置時間結束。

靜置時間結束。

麵團會稍微膨脹。20分鐘內就有這樣變化出現，證明了麵包麵團的確是有生命力的。

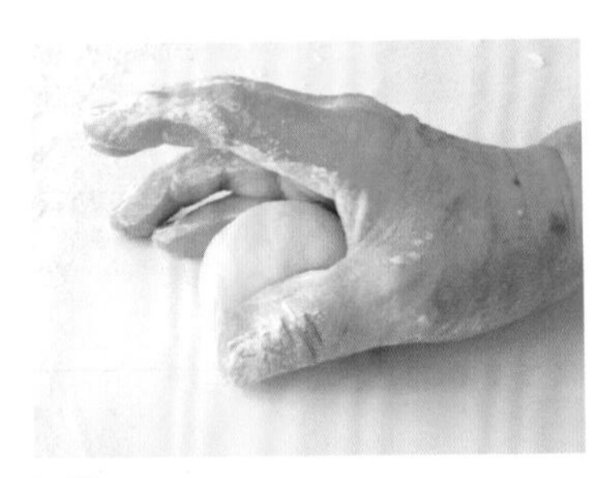

**24** 拇指和小指碰觸轉動捏成形。

以右手的大拇指與小指的側面，夾住工作台上的麵團並捏製成圓形，兩指的側面放在工作台上，以指腹緊貼麵團的下方，手部以反時針方向轉動幾次。

麵團下方朝向中心收合。

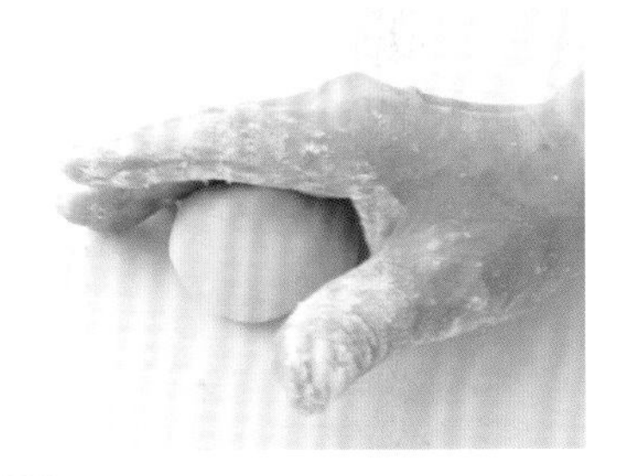

**25** 以手掌覆蓋轉動麵團。

接著以手掌輕蓋住麵團，一樣轉動好幾次。

轉動能夠讓麵團上方變得光滑平整。

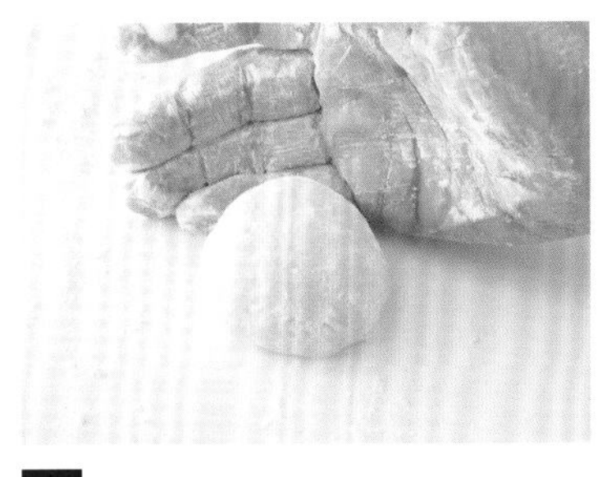

**26** 調整為圓形。

最後以小指的指腹朝下方中心按壓，這個部分就成為下方中心的肚臍。

因爲**24**、**25**的麵團呈現上方柔軟，並朝著下方靠近的狀態，所以最後要將下方的中心確實收合。

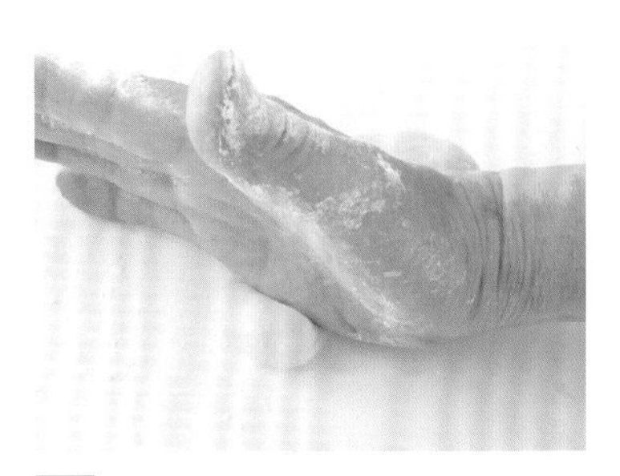

**27** 做出凹痕。

右手的小指側的側面放在麵團一端約 1cm 處，直接在工作台上滾動手掌作出凹痕。

要確實做出凹痕，這個部分會成爲布里歐麵包的頭部。

**28** 放入模型內。

平穩地抓住頭部放入模型內。

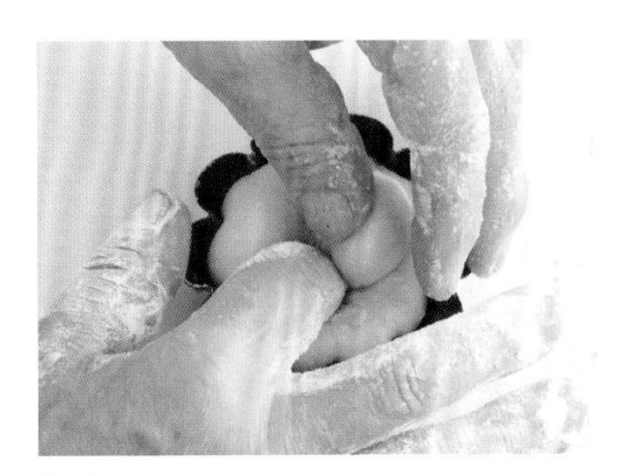

**29** 將頭部往下壓。

調整頭部往中間靠近，以食指朝頭部的周圍四處按壓。

食指要確實按壓至模型的底部，這樣頭部的底端才能確實緊貼。

**30** 進行 1 小時的最後發酵。

模型擺放在烤盤上，並覆蓋灑有手粉的保鮮膜，移至溫暖處進行 1 小時的最後發酵。

與第一次發酵相同，爲了不讓奶油融化，請注意發酵溫度不能超過 30℃。

**31** 最後發酵結束。

最後發酵結束。

只要麵團膨脹至模型的邊緣就可以了。

**32** 塗抹蛋液以 200℃烘烤 16 分。

雞蛋打散，以毛刷塗抹 2 次蛋液。麵團移至預熱的烤盤上，以 200℃烘烤約 16 分鐘。烘烤完成後立即將麵包取出擺在鐵架上放涼。

**Chef's voice**

如果不能一次烘烤完成，剩餘的麵團可以在成形後放入冰箱冷藏，即便停止發酵也沒關係。因爲這是加入高筋麵粉、砂糖和雞蛋的強壯組織麵團，所以保存些許時間也沒問題。不過在烘烤前的 15 分鐘要從冰箱取出恢復室溫狀態，接著再放置於烤盤上，盡情地烘烤麵包。

糖塔
Tarte au sucre

慕斯林麵包
Brioche mousseline

夏朗德麵包
Brioche charentaise

蓬蓬捏小蛋糕
Pomponnette

# 糖塔

Tarte au sucre

將布里歐麵團烘烤成平坦狀態的糖塔，在法國各地都十分盛行，不過這款受到世人喜愛的麵包，其實是諾曼第地區特有的傳統麵包。由於這個地區的乳製品相當豐富，會在雞蛋上塗抹鮮奶油和放上奶油來增添風味。麵包上的甜菜糖經過烘烤呈現焦糖狀，提升整體的麵包香氣。

## 材料（14 個份）

布里歐麵團（➡p.60）…… 全部
雞蛋（塗抹用蛋液）…… 適量
鮮奶油 …… 適量
無鹽奶油 …… 約 15g
甜菜糖 …… 適量

甜菜糖是未精製的茶色砂糖，也可以使用甘蔗製成，同樣是屬於粗糖的黃砂糖。

## 事前準備

- 奶油置於室溫下，測試是否恢復至手指下壓立即凹陷的硬度狀態。
- 將裝飾用的奶油切割成 5 ㎜的方型。

## 特別準備物品

擀麵棍、毛刷

## 製作流程

| | |
|---|---|
| ▼ 揉麵 | [中途自然分解 30 分鐘] 揉麵溫度 25℃ |
| ▼ 第一次發酵 | 2 小時（1 小時 ➡ 擠壓空氣 ➡ 1 小時） |
| ▼ 分割 | 80g |
| ▼ 靜置時間 | 20 分 |
| ▼ 成形 | 擀成直徑 10㎝的圓形。 |
| ▼ 最後發酵 | 1 小時 |
| ▼ 烘烤 | ● 塗抹蛋液和鮮奶油。● 放上奶油。● 撒上甜菜糖。200℃ 11 分 |

## 做法

1. 揉麵～第一次發酵和「布里歐麵包」（➡p.60）1～20 步驟相同。
2. 分割成 14 個 80g 的麵團，搓揉成圓形。托盤撒上薄薄一層手粉，放上麵團後寬鬆地覆蓋灑有手粉的保鮮膜。移至溫暖處靜置約 20 分鐘。
3. 以擀麵棍擀成直徑約 10 ㎝的圓形（a）。
4. 麵團放在烤盤上，覆蓋灑有手粉的保鮮膜。移至溫暖處進行約 1 小時的最後發酵。
5. 以手指搓出約 10 個凹洞。
6. 雞蛋打散，以毛刷塗抹 2 次蛋液，接著再塗抹鮮奶油（b）。
7. 將切成 5 ㎜方型的奶油均勻放在三處。
8. 朝麵團均勻撒上甜菜糖（c）。
9. 放入烤箱以 200℃烘烤約 11 分鐘，完成後擺在鐵網上放涼。

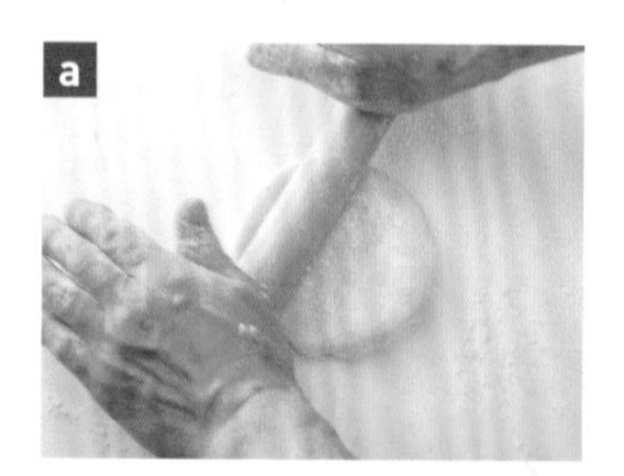

a 稍微施力轉動擀麵棍，記得不要太用力，避免將麵團內的氣體全都擠出。

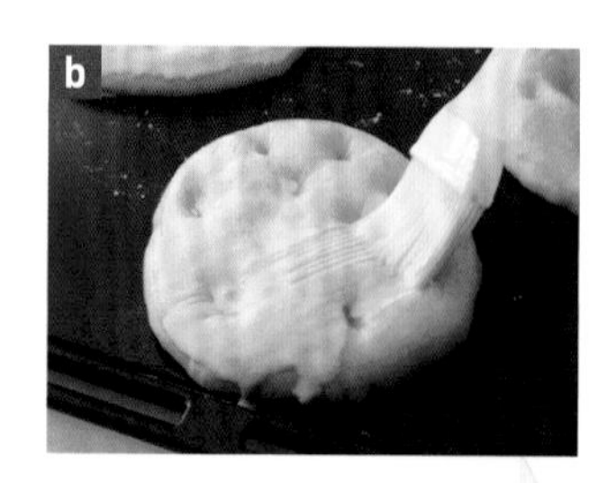

b 按順序塗抹蛋液和鮮奶油，可塗抹大量鮮奶油直到凹洞填滿。

c 放上奶油並撒上甜菜糖後放入烤箱。理想的烘烤狀態為比金黃色還要淺，且擁有鬆軟的口感。因為不需要麵團膨脹到到很大，所以剩餘的布里歐麵團可以留到隔天再做烘烤使用。

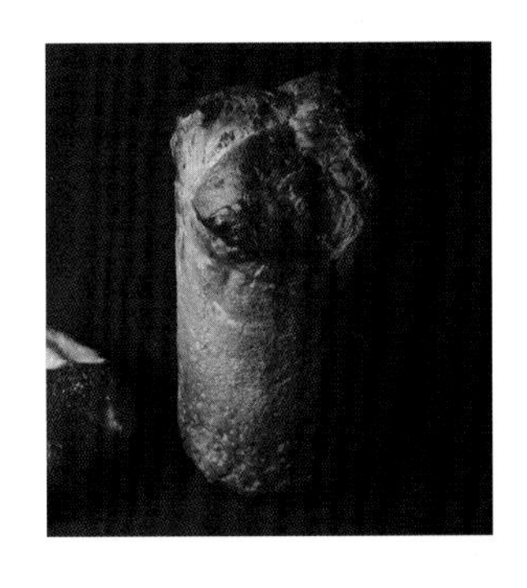

# 慕斯林麵包

## Brioche mousseline

屬於使用布里歐麵團做出外型變化的經典例子，需要放入圓筒狀的模型內烘烤。由於在模型內的麵團側面無法膨脹，而會朝著上方持續延展，所以特色在於麵團的組織會脹大，而呈現輕盈的口感。切成較厚的吐司狀再烘烤後，內部延展的大氣泡孔吃起來會感覺酥脆可口。

### 材料（5個份）

布里歐麵團（➡p.60）⋯⋯ 全部
雞蛋（塗抹用蛋液）⋯⋯ 適量

### 事前準備

- 將紙（烘焙紙與甜點用紙等）裁剪成比模型還要高2cm，放入模型內側。另外還要裁剪直徑8cm的圓形放入模型底部。
- 烤盤也放入烤箱內預熱。
- 奶油置於室溫下，測試是否恢復至手指下壓立即凹陷的硬度狀態。

### 特別準備物品

直徑10cm×高12cm的慕斯林模型5個、剪刀、烘焙紙或是甜點用紙、毛刷

### 製作流程

| | |
|---|---|
| ▼揉麵 | [中途自然分解30分鐘] 揉麵溫度 25℃ |
| ▼第一次發酵 | 2小時（1小時➡擠壓空氣➡1小時） |
| ▼分割 | 230g |
| ▼靜置時間 | 20分 |
| ▼成形 | 捏成圓形放入模型。 |
| ▼最後發酵 | 1小時30分 |
| ▼烘烤 | ◉ 塗抹蛋液。 ◉ 以剪刀剪出十字痕。 200℃ 25分 |

### 作り方

**1** 揉麵～第一次發酵和「布里歐麵包」（➡p.60）1～20步驟相同。

**2** 分割成5個230g的麵團並整成圓形。托盤撒上薄薄一層手粉，放上麵團後，寬鬆地覆蓋灑有手粉的保鮮膜。移至溫暖處靜置約20分鐘。

**3** 搓揉成圓形（a），抓起麵團上方放入準備好的模型內（b）。寬鬆地覆蓋灑有手粉的保鮮膜。移至溫暖處進行約1小時30分鐘的最後發酵。

**4** 等到麵團膨脹至模型邊緣下方的2～3cm，就可以結束最後發酵。

**5** 雞蛋打散，以毛刷在麵團塗抹2次蛋液。剪刀的刀刃沾水，朝麵團上方剪出大十字（c）。

**6** 麵團放置在預熱過的烤盤上，放入烤箱以200℃烘烤約25分鐘。完成後立即將麵包從模型取出擺在鐵網上放涼。

a

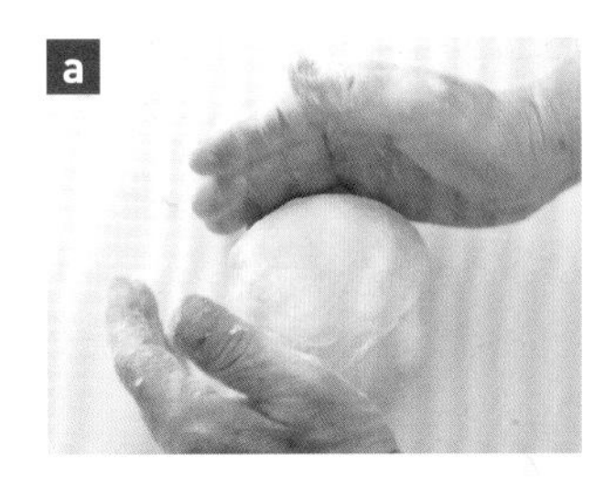

麵團搓揉成圓形。首先以兩手從麵團的上方朝下方中心轉動，並調整表面光滑度。接著以兩手的小指側靠在工作台的狀態碰觸麵團轉動，並朝下方中心收合做出肚臍。

b

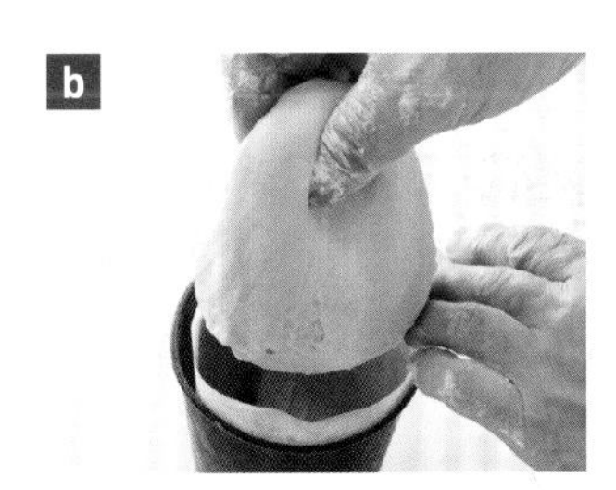

抓住麵團上方放入模型內。

c

在上方剪出十字，切口能有助於麵團的膨脹。因爲是在模型支撐下膨脹，在進行第一次發酵後可以放入冰箱保存，作爲第二天的麵團使用。

# 夏朗德麵包

Brioche charentaise

這是以生產艾許奶油（Beurre Echire）聞名，位於法國西部的夏朗德省的傳統布里歐麵包。因爲會放上有鹽發酵的艾許奶油烘烤，所以當奶油融化後會整個滲透進入麵團裡，散發出發酵奶油獨有的濃醇風味與香氣，增添布里歐麵包的美味度。

## 材料（18 個份）

布里歐麵團（➡p.60）…… 全部
雞蛋（塗抹用蛋液）…… 適量
有鹽發酵奶油 …… 約 6g
細砂糖 …… 適量

## 事前準備

- 奶油置於室溫下，測試是否恢復至手指下壓立即凹陷的硬度狀態。
- 將裝飾用的奶油切割成 5㎜的方型。

## 特別準備物品

毛刷、剪刀

## 製作流程

| | |
|---|---|
| ▼ 揉麵 | [中途自然分解 30 分鐘]<br>揉麵溫度 25℃ |
| ▼ 第一次發酵 | 2 小時<br>（1 小時 ➡ 擠壓空氣 ➡ 1 小時） |
| ▼ 分割 | 60g |
| ▼ 靜置時間 | 20 分 |
| ▼ 成形 | 圓形 |
| ▼ 最後發酵 | 1 小時 |
| ▼ 烘烤 | • 塗抹蛋液。<br>• 以剪刀剪出十字痕。<br>• 放上發酵奶油。<br>• 撒上細砂糖。<br>200℃ 18 分 |

## 做法

1. 揉麵～第一次發酵和「布里歐麵包」（➡p.60）1～20 步驟相同。
2. 分割成 18 個 60g 的麵團，搓揉成圓形。托盤撒上薄薄一層手粉，放上麵團後，寬鬆地覆蓋灑有手粉的保鮮膜。移至溫暖處靜置約 20 分鐘。
3. 麵團整成圓形後，排列在烤盤上（a）。寬鬆地覆蓋灑有手粉的保鮮膜。移至溫暖處進行約 1 小時的最後發酵。
4. 雞蛋打散，以毛刷塗抹 2 次蛋液。
5. 剪刀的刀刃沾水，朝麵團上方剪出十字（b）。
6. 放上切成 5㎜方型的奶油。
7. 撒上 2 次細砂糖（c）。
8. 放入烤箱以 200℃烘烤約 18 分鐘。完成後擺在鐵網上放涼。

a

麵團整圓形後靜置。成形方式請參照「布里歐麵包」24～26。

b

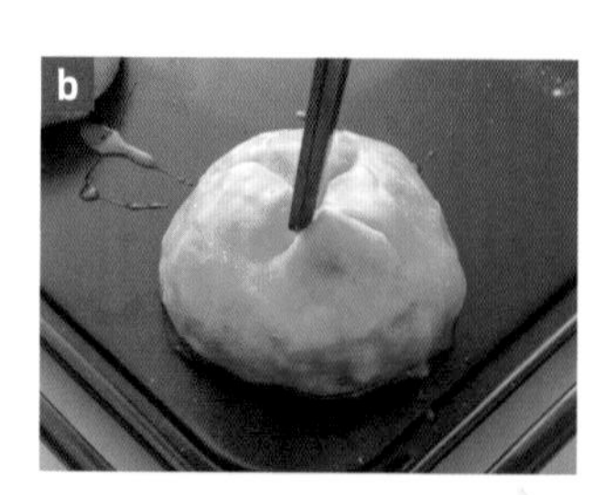

以剪刀在麵團上方剪出十字，發酵奶油會從這個十字滲透至整個麵團裡。

c

放上發酵奶油，撒上大量細砂糖後放入烤箱烘烤。

# 蓬蓬捏小蛋糕

Pomponnette

而在南法經常會看到的布里歐，則是有加入苦橙花水的麵包。苦橙花水本身具備有甘甜清爽的獨特香氣。蓬蓬捏小蛋糕在烘烤時會撒上珍珠糖，外觀呈現可愛的面貌。在南法通常是會切成兩半，塗抹卡士達醬（➡p.36）食用，這樣的吃法同樣會讓人上癮啊！

## 材料（19個份）

布里歐麵團（➡p.60）…… 全部
苦橙花水 …… 12g
雞蛋（塗抹用蛋液）…… 適量
珍珠糖 …… 適量

苦橙花水是從苦橙花蒸餾出的精華露，只要少量就有十足的香氣。

## 事前準備

- 奶油置於室溫下，測試是否恢復至手指下壓立即凹陷的硬度狀態。

## 特別準備物品

毛刷

## 製作流程

▼ 揉麵　［中途自然分解30分鐘］ 揉麵溫度 25℃

▼ 第一次發酵　2小時（1小時➡擠壓空氣➡1小時）

▼ 分割　60g

▼ 靜置時間　20分

▼ 成形　圓形

▼ 最後發酵　1小時

▼ 烘烤
- 塗抹蛋液。
- 撒上珍珠糖。

200℃　18分

## 做法

**1** 揉麵～第一次發酵和「布里歐麵包」（➡p.60）1～20步驟相同。只不過麵團加入奶油時也要加入苦橙花水（a），然後繼續揉麵（b）。

**2** 分割成18個60g的麵團，搓揉成圓形。托盤撒上薄薄一層手粉，放上麵團後寬鬆地覆蓋灑有手粉的保鮮膜。移至溫暖處靜置約20分鐘。

**3** 麵團整成圓形，擺列在烤盤上。寬鬆地覆蓋灑有手粉的保鮮膜，移至溫暖處進行約1小時的最後發酵。

**4** 雞蛋打散，以毛刷塗抹2次蛋液。

**5** 放上滿滿的珍珠糖（c）。

**6** 放入烤箱以200℃烘烤約18分鐘。完成後擺在鐵網上放涼。

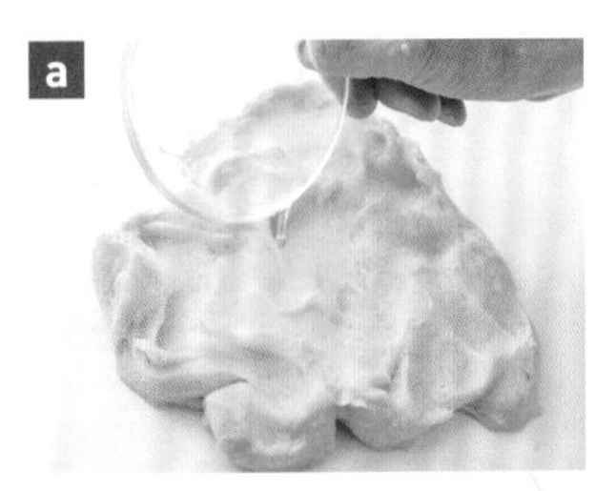

a 等到加入奶油的麵團表面光澤消失之後，就可以加入苦橙花水。先將麵團攤開，然後小心倒入苦橙花水。

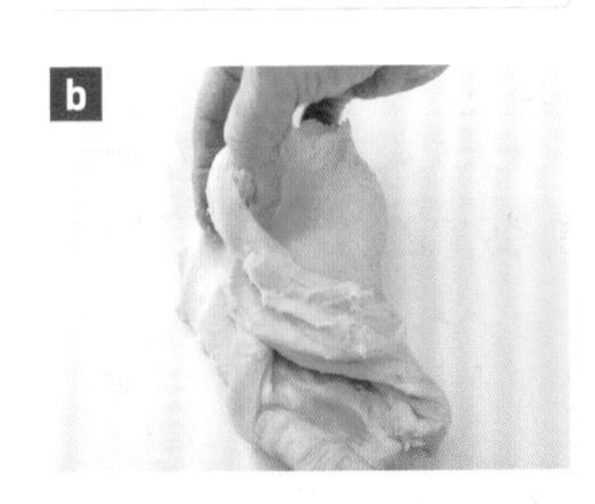

b 將麵團以包覆方式揉捏。要持續揉捏至麵團的苦橙花水都均勻分布。

c 因爲珍珠糖經過烘烤也不會融化，所以會產生脆脆的口感，可以放上大量的珍珠糖。

調整布里歐麵團的材料與份量，
做出咕咕霍夫的鹹味版本。

# 鹹味咕咕霍夫

Kouglof salé

## 受人喜愛的「甜辣」味道咕咕霍夫。

咕咕霍夫的麵團其實就是布里歐麵團的延伸。發源地的法國阿爾薩斯地區的咕咕霍夫幾乎都是甜的口味，雖然是受歡迎的傳統發酵甜點，但是我對當地印象最深刻的卻是這種鹹味的咕咕霍夫。**濃郁的麵團帶有點甜味，再搭配上培根的些許鹹味和炒洋蔥的絕妙組合**。比起麵包店，在當地餐廳搭配餐前酒，一起享用的方式更是讓人記憶深刻。

不論是搭配上當地產的紅酒、爽口的雷司令葡萄白酒、帶有甜味的格烏茲塔名那白酒都十分契合！當然啤酒也是不錯的選擇。至於**我的食譜當中則是有加入少許的黑胡椒來增添辣味，也可以加入青醬、番茄醬、乾燥香草等配料來做出變化**。

## 以陶瓷製的咕咕霍夫模型烘烤。

咕咕霍夫的特色在於獨特的外型。只要去位於斯特拉斯堡郊外的蘇夫勒南，到處能夠買到當地泥土製成的蘇夫勒南的陶瓷咕咕霍夫模型。

**為何強調只能選用陶製的咕咕霍夫模型呢？那是因為要在這樣的外型下，讓中心確實受熱，而陶瓷則是最容易傳導熱度的材質，若是使用金屬製的模型，外側很容易會燒焦**。

在名產店的架上有手繪圖案的可愛咕咕霍夫模型，但很可惜的並不具有實用性。再加上大多都是材質較薄且容易破裂，手繪圖案也會脫落。建議各位將有圖案的咕咕霍夫放在廚房作為擺飾，還是要去購買烘焙用的陶瓷素材所製成的堅固模型。

**材料（5個份）**

法國麵包粉 (LYS DO'R) …… 350g
高筋麵粉 (Super Camellia) …… 150g
速發酵母粉 …… 6g
砂糖 …… 55g
鹽 …… 12g
黑胡椒（粗）…… ½小匙
雞蛋 …… 4顆
牛奶 …… 140g
無鹽奶油 …… 80g
培根 …… 100g
洋蔥 …… 100g

麵團內加入黑胡椒可增添辛辣感。

**事前準備**

- 奶油置於室溫下，測試是否恢復至手指下壓立即凹陷的硬度狀態。
- 模型內塗抹上一層薄薄的油脂（奶油或市面上販售的脫模油等）。

**特別準備物品**

口徑15cm×高9cm的咕咕霍夫模型5個

## 製作流程

**揉麵**
揉麵溫度 25℃

▼

**第一次發酵**
1小時30分
（1小時➡擠壓空氣➡30分鐘）

▼

**分割**
220g

▼

**靜置時間**
20分

▼

**成形**
環狀放入模型內

▼

**最後發酵**
1小時

▼

**烘烤**
180℃　30分

### 鹹味咕咕霍夫的做法

**1 炒培根與洋蔥。**

培根與洋蔥各切成 5㎜的方型，培根放入平底鍋以小火拌炒，炒到油脂滲出就加入洋蔥拌炒。

洋蔥炒軟即可。

**2 麵粉與黑胡椒混合。**

麵粉過篩倒入碗裡，加入酵母粉、砂糖、鹽、黑胡椒。接下來和「布里歐麵包」（➡p.60）1～9步驟相同。

但是不需要經過自我分解階段就進行揉麵動作。

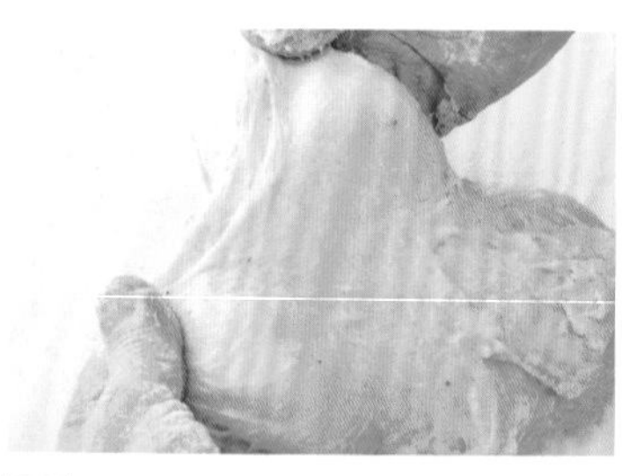

**3 揉麵使其組織強壯。**

揉麵至麵團呈現柔軟且結合在一塊，撐開兩端感覺快要破掉的狀態時加入奶油。

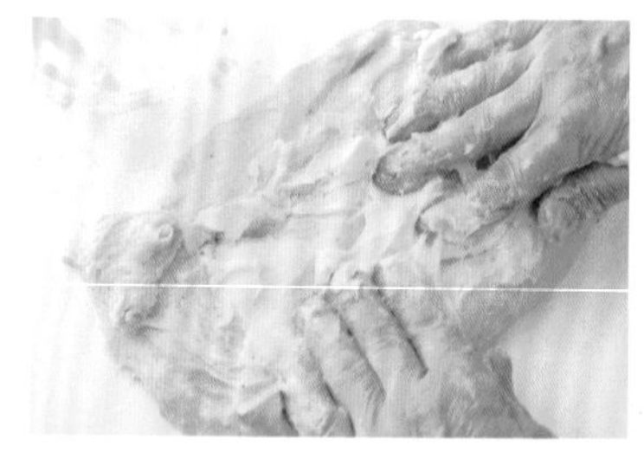

**4 混合奶油後持續揉麵。**

將麵團攤開放上奶油，然後包覆起來繼續揉麵。

請參照「布里歐麵包」10～12步驟。爲了避免奶油融化，溫度最好控制在比麵團還要低 2～3℃的程度。

**5 加入培根與洋蔥。**

奶油與麵團混合後，攤開放上1的培根與洋蔥。

等到麵團表面沒有光澤感，就代表奶油已經混合均勻，這時候就可以加入培根與洋蔥。

**6 包覆麵團。**

將麵團包覆起來。

麵團確實地包覆住培根與洋蔥後，開始揉麵。

**7** 繼續揉麵。

稍微用力持續揉麵。

只要讓培根與洋蔥均勻混合即可。

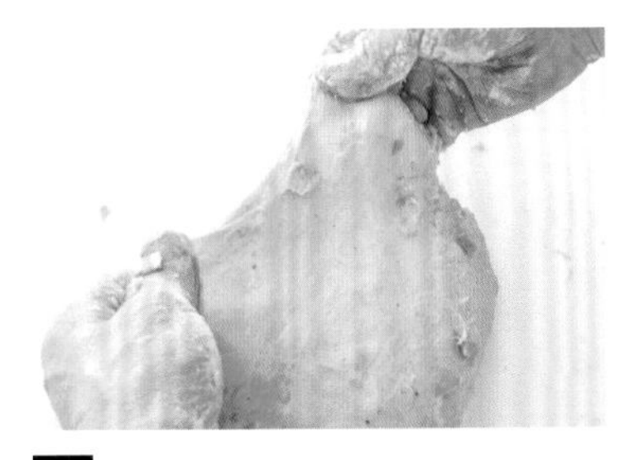

**8** 確認揉麵狀態。

麵團揉捏狀態確認。

兩手撐開麵團的兩端，要是出現快破掉的薄膜就表示完成。

**9** 第一次發酵要1小時30分鐘。

將麵團整成圓形，放入一開始使用的碗裡，麵團溫度為25℃。寬鬆地覆蓋灑有手粉的保鮮膜，移至溫暖處進行1小時30分的第一次發酵。

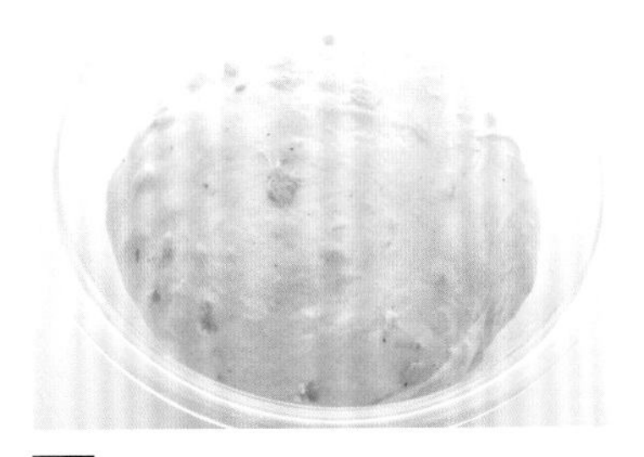

**10** 第一次發酵結束。

完成第一次發酵。

當麵團膨脹至1.5倍大就表示第一次發酵完成。不只是要注意時間，也必須確認麵團的大小。

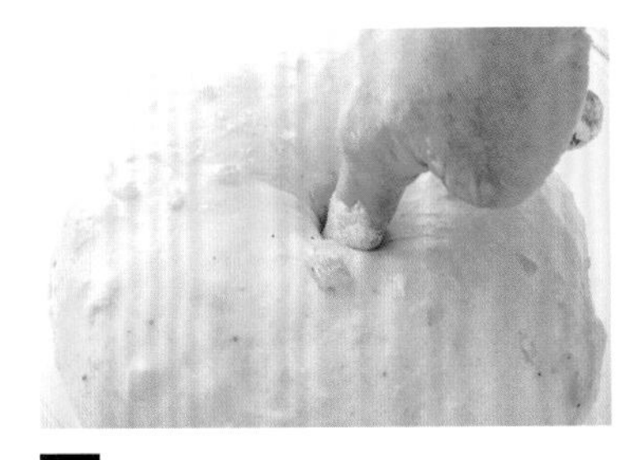

**11** 手指插入測試。

將食指沾上手粉插入麵團內後立即抽出。

要是孔洞有維持形狀，就代表是良好的發酵狀態。但若是孔洞縮回去，就表示發酵尚未完成，需要再發酵一些時間。

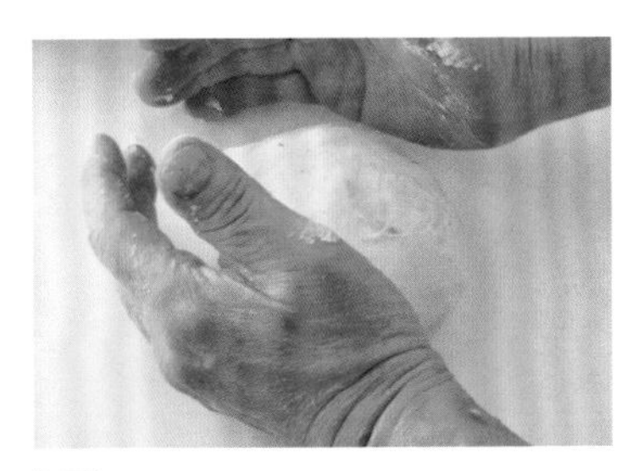

**12** 分割後靜置，整成圓形。

將碗翻過來取出麵團放在工作台上，兩手輕壓擠出氣體。接著分割成5個220g的麵團，並整成圓形。然後放在灑有一層薄薄手粉的托盤上，寬鬆地覆蓋灑有手粉的保鮮膜，移至溫暖處靜置約20分鐘。麵團會膨脹成圓形。

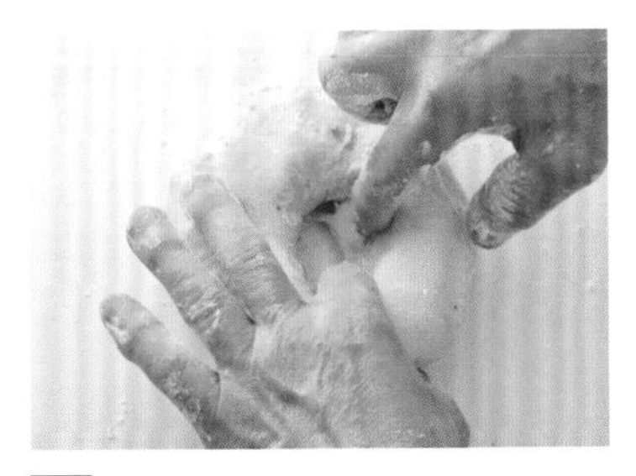

**13** 調整成環狀。

在中央以手指搓出孔洞，調整為環狀並放入模型內。

**14** 放入模型最後發酵及烘烤。

調整麵團至工整狀態。模型覆蓋灑有手粉的保鮮膜，移至溫暖處進行約1小時的最後發酵。接著放入烤箱，以180℃烘烤約30分鐘。烘烤完成後從模型內取出擺在鐵網上放涼。

最後發酵麵團膨脹標準是到邊緣附近。

### Chef's voice

如果不能一次烘烤完成，剩餘的麵團可以在成形後放入冰箱冷藏，即便停止發酵也沒關係。在烘烤前15分鐘從冰箱取出恢復室溫狀態，再放入烤盤烘烤。也可以使用小型的咕咕霍夫模型，如果是口徑10cm×高6.5cm的咕咕霍夫模型，麵團要分割成80g，烘烤時間也要縮短5分鐘。

# 波斯托克麵包

## Brioche Bostock

這是麵包店善加利用剩下的慕斯林麵包（➡p.69）食譜，不過美味程度可是不會讓人感覺是用多餘的麵團製作而出的。將慕斯林麵包切成厚片，散發出香氣的苦橙花水杏仁液整個滲透至麵包體，再塗抹杏仁奶油烘烤，由於是要完全吸收杏仁液的方式會比較美味，所以不要使用剛烤好的慕斯林麵包，而是要使用隔天變得比較乾燥的麵包體。

## 材料（6片份）

慕斯林麵包（➡p.69）……1條

砂糖……125g

杏仁粉（去皮）……45g

水……250g

苦橙花水（➡p.71）……37g

杏仁奶油（➡p.35）……適量

糖粉……適量

## 事前準備

◉烤盤鋪上烘焙紙。

## 特別準備物品

抹刀、烘焙紙、濾網

## 做法

1. 鍋裡放入砂糖、杏仁粉、水，以刮刀混合攪拌開火（a）。等到溫度上升至人體溫度，砂糖融化後，就立即關火，並加入苦橙花水（b）。然後倒入碗裡放涼。

2. 將慕斯林麵包上方凸起部分切除，以麵包刀切成厚度2cm的6片厚片（c）。

3. 放在鐵網上。然後將2放入1浸泡（d）。放在鐵網上等待多餘的液體流下，然後以這個狀態放入冰箱冷藏，讓它稍微冷卻。

4. 3塗抹薄薄的杏仁奶油（e），烤盤鋪烘焙紙，將麵包並列擺放。

5. 放入烤箱以170℃烘烤20分鐘。冷卻後用濾網撒糖粉（f）。

**a**

砂糖、杏仁粉和水放入鍋中，開火後持續攪拌避免燒焦。

**b**

爲了不讓苦橙花水的香氣散去，所以要先關火再倒入。

**c**

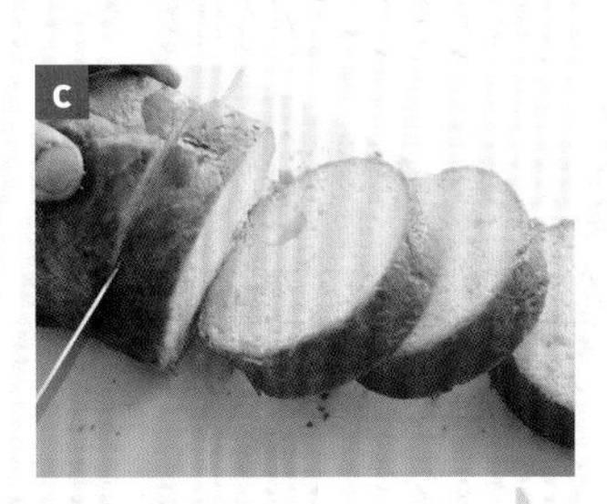

慕斯林麵包的部分要使用烘烤好，並隔一天較乾燥的麵包體，這樣比較能夠吸收杏仁粉液。

**d**

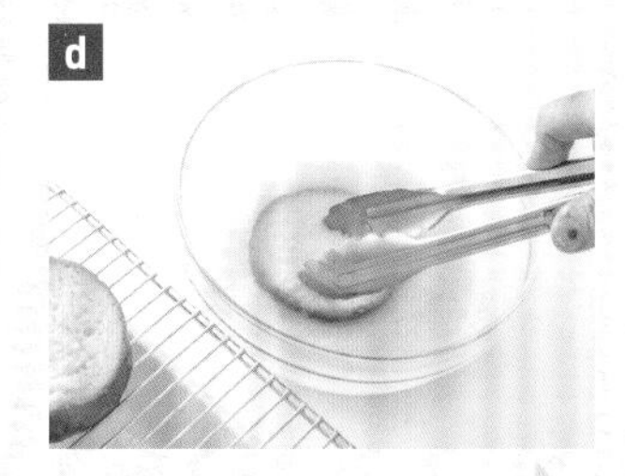

杏仁粉液一定要放冷之後再使用。由於慕斯林麵包的結構較粗大，要是杏仁粉液溫度過熱會導致麵包立刻膨脹，組織孔洞會擴大，造成麵包體本身呈現軟爛狀態。但要特別注意，如果是冷卻的杏仁粉液就能完全滲透。

**e**

麵包浸泡杏仁粉液後，放冰箱稍微冷藏後，會比較容易塗抹杏仁奶油。

**f**

像這樣專業級的裝飾感覺如何呢？將抹刀放在麵包上，接著從上方以濾網撒下糖粉。

SPECIAL COLUMN

# 法國家庭也會自己製作<br>具有豐富地方色彩的麵包

觀察整個法國會發現，其實麵包並沒有所謂的地方性，然而布里歐麵包卻是例外，會因爲各地的風土氣候不同，而衍生出種類豐富的名產。這其中的理由就在於，從前的家庭就是以加入雞蛋與奶油的甜點製作方式來做這種麵包。我認爲應該是法國各地的主婦，將好吃的食材放入麵包當中，所以才會有如此多的變化方式出現。就連地方性的傳統甜點，有很多都是使用布里歐麵團來製作。其中我比較注意的是在新年的主顯節會吃的「國王派」。在日本也相當熟悉的國王派布里歐版，其實主要是來自南法地區。麵團中會加入苦橙花水，搓揉成環狀在表面放上珍珠糖和水果乾作裝飾，感覺就像是王冠一樣，當然還會放入可愛的陶製小人偶。所以到法國時別忘了試著去找尋當地特有的布里歐麵包喔！

PART 4

# 可頌麵包麵團

藤森師傅認爲「可頌麵包就是在吃奶油」。

由於加入了大量的奶油，所以在製作時的室溫就顯得相當重要。

只要室溫不高，那麼麵團的揉捏掌控就沒什麼困難。

不但能加入巧克力和水果等甜味點綴，

就連香腸等鹹味食材都十分搭配。

可頌麵包的味道關鍵在於奶油。
要注意不要過度揉麵，以製造出奶油與麵團的工整疊層爲目標。

# 可頌麵包

## Croissant

### 可頌麵包含有大量的奶油。

**我認為可頌麵包就是在「吃奶油」的麵包。本身所散發出的柔和奶香，剛剛好的濃郁香氣飄向鼻尖，真的會讓人受不了。**雖然說在日本有許多的甜味可頌麵包，但我本身卻是持反對意見。那是因爲甜味會沖淡奶油的風味。再加上這並不是甜點而是麵包，所以應該只能帶有些許甜味，其中砂糖只是爲了幫助酵母發酵才會加入。

而爲了吃出奶油的味道，對折包入麵團當中的奶油一定要使用發酵奶油。發酵奶油是透過乳酸菌發酵的奶油，所以帶有些許酸味且風味濃厚，香氣十分濃郁。雖然說比起一般的奶油的價格還要高，但是既然決定要親手製作可頌麵包了，還是希望各位能堅持使用發酵奶油。

奶油香氣濃厚的可頌麵包，總是給人這是法國人在星期日早晨作爲早餐的奢侈印象。而在所有的發酵奶油當中，尤其是現在請絕對要使用，可以稱得上是世界第一的艾許奶油。做出來的成品只能說是人間美味。

另外值得一提的是，法國是用奶油做出直接成形的可頌麵包，月亮型的可頌麵包是使用人造奶油。而我所做的可頌麵包當然就是直接成形的類型。

### 奶油與麵團結合產生工整的堆疊層次。

做法的最大重點在於**揉麵的力道不能過大**。由於可頌麵團是有加入酵母粉的派皮麵團，要是過度揉捏產生強壯的麩質，會使得麵團的筋性過強，而失去了延展性。所以**在折疊的過程中，要讓麵團冷卻、休息及做出奶油的工整層次感**。只要謹守這 2 點，就能夠做出蓬鬆且口感輕盈的可頌麵包。

**材料（10 個份）**

- 法國麵包粉 (LYS DO'R) …… 250 g
- 脫脂奶粉 …… 10 g
- 速發酵母粉 …… 4 g
- 砂糖 …… 40 g
- 鹽 …… 5 g
- 牛奶 …… 125 g
- 雞蛋 …… ½顆
- 無鹽奶油 …… 7.5 g
- 無鹽發酵奶油（折疊時使用） …… 150 g
- 雞蛋（塗抹用蛋液） …… 適量

加入脫脂奶粉後會產生柔和的奶香味，而且烘烤也比較容易上色。雖然使用牛奶也可以發揮同樣效果，但由於牛奶的量多會導致麵團發酵困難，脫脂奶粉則是能取得平衡的配方。

**事前準備**

- 奶油置於室溫下，測試是否恢復至手指下壓立即凹陷的硬度狀態。
- 對折堆疊用的奶油要放在冰箱冷藏。

**特別準備物品**

擀麵棍、毛刷

## 製作流程

**揉麵**
🌡 揉麵溫度 25℃

**第一次發酵**
1 小時 30 分

**折疊奶油**
麵團擀薄

▼

**折疊**
- 放入冷凍庫冷卻 20 ～ 30 分鐘。
- 折 3 折× 3 次（每次對折都要放入冷藏休息 30 分鐘）。

**分割**
- 將麵團擀成厚 3㎜、40㎝×15㎝。
- 切割底邊 7㎝等邊三角形。
- 放入冰箱冷藏休息 1 小時。

**成形**
捲起。

▼

**最後發酵**
1小時30分

**烘烤**
塗抹蛋液
200℃　15分

可頌麵包的做法

### 1 麵粉和脫脂奶粉過篩。

麵粉和脫脂奶粉混合過篩後倒入碗裡。

脫脂奶粉如果直接碰觸水分會產生顆粒，所以要先和麵粉混合。

### 2 加入酵母粉、砂糖和鹽。

加入酵母粉、砂糖和鹽，以刮刀混合均勻。

### 3 加入牛奶、雞蛋混合攪拌。

牛奶和雞蛋混合。在2的中央弄出凹洞，然後倒入混合攪拌。

等待水分滲透至麵粉，絕對不能揉麵。

### 4 吸收水分的狀態。

攪拌至這樣的狀態，接著取出放在工作台上，以兩手輕輕地搓揉成一塊。

麵粉表面沒有水分殘留的狀態即可。可頌麵包很重要的是特別輕盈的口感，所以要注意不要過度混合和揉麵。

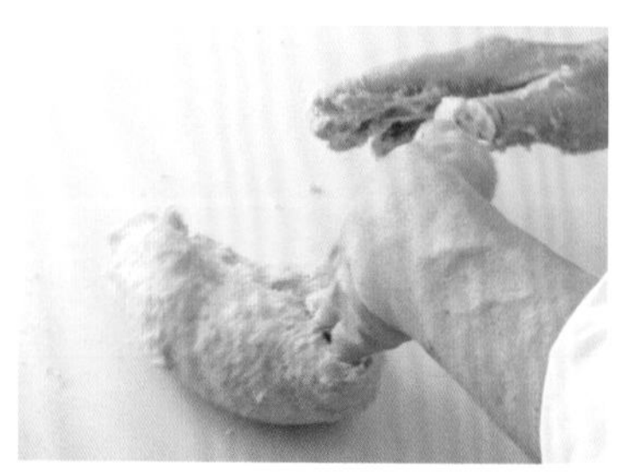

### 5 揉麵。

以「揉麵方式B」（➡p.9）進行。

因為還是屬於一整塊的麵團，過度揉捏會產生強壯的筋性，導致之後步驟的麵團延展性不佳，所以要注意。

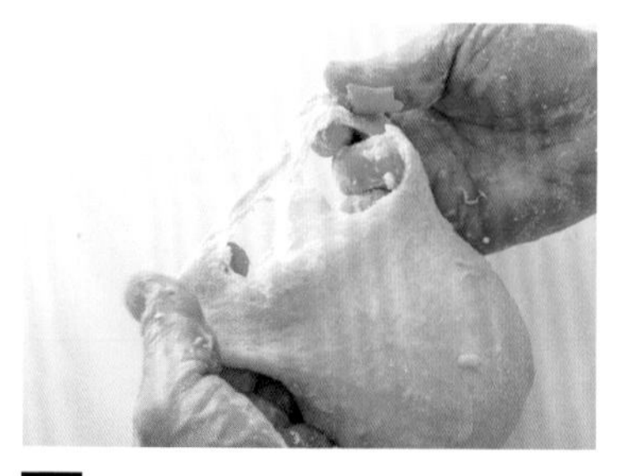

### 6 麵團仍不具延展性。

麵團不會沾黏工作台和手的階段。

兩手撐開麵團的兩端會立刻破掉，代表麵團還沒產生彈性的狀態。

**7** 加入奶油。

攤開麵團放上奶油。

奶油的溫度最好是控制在比麵團還要低2～3℃。雖然份量不多，但是加了奶油之後，麵團的延展性會變好，在折疊時也比較輕鬆。

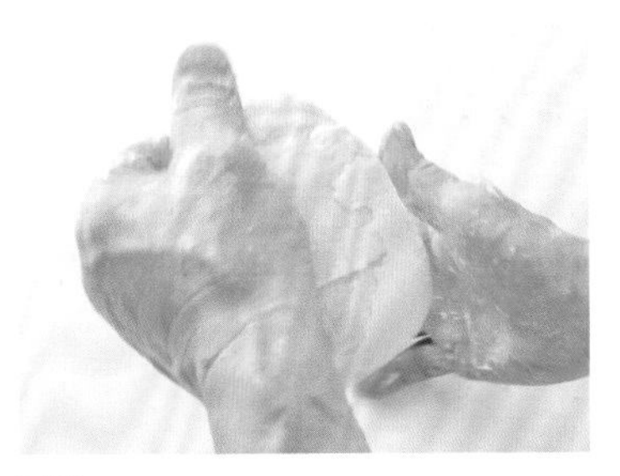

**8** 持續揉麵。

包覆住奶油，以**5**的相同方式持續揉麵。

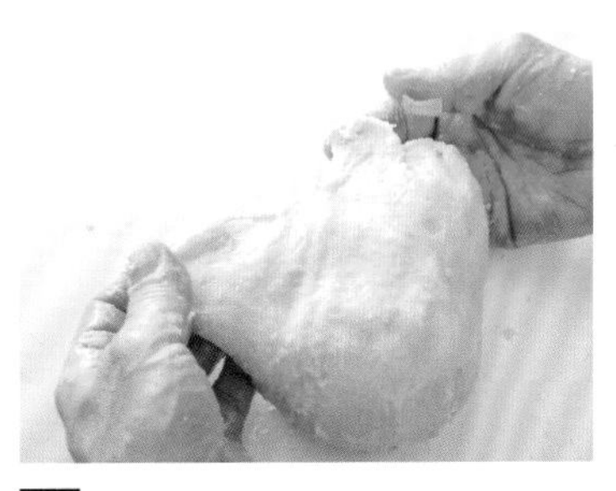

**9** 撐開麵團感覺要破掉的狀態。

持續揉麵直到看不出奶油光澤感的狀態。

拉扯麵團的兩端，還是呈現立即分離的狀態。這表示揉捏程度還不夠，不過隨著時間過去，麩質會自然形成，所以不必擔心。但還是要特別注意可頌麵包不能過度揉捏！

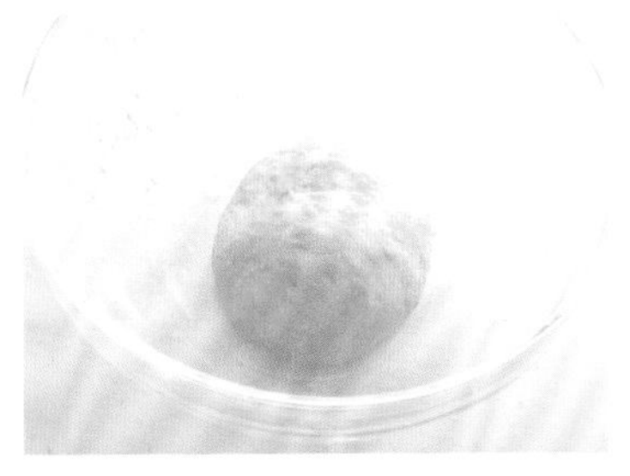

**10** 第一次發酵為1小時30分鐘。

麵團搓揉成圓形，放入第一次使用的碗裡。揉麵溫度為25℃。寬鬆地覆蓋灑有手粉的保鮮膜，移至溫暖處進行1小時30分鐘的第一次發酵。途中不需擠壓空氣。

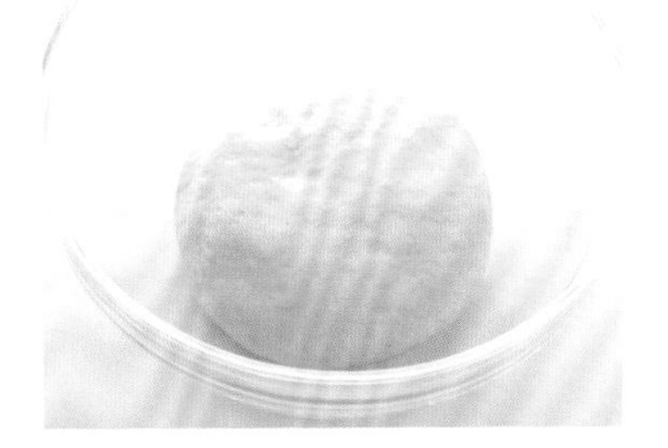

**11** 完成第一次發酵。

第一次發酵結束。麵團會膨脹成發酵前的1.5倍大。

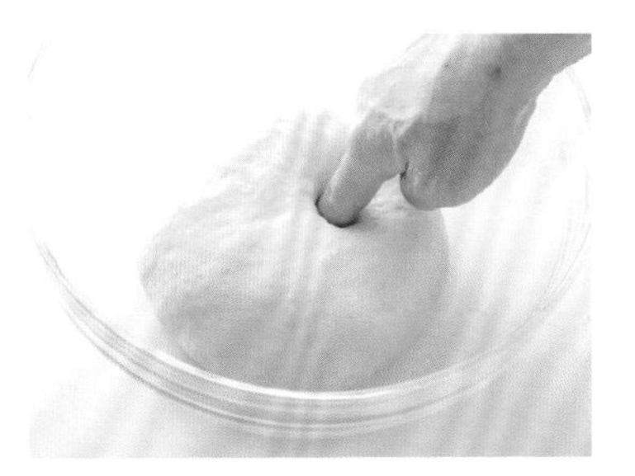

**12** 手指插入測試。

以食指沾上手粉，插入麵團後立即抽出。

要是孔洞有維持形狀，就代表是好的發酵狀態。要是孔洞縮回，就表示發酵時間不夠，還需要較長的發酵時間。

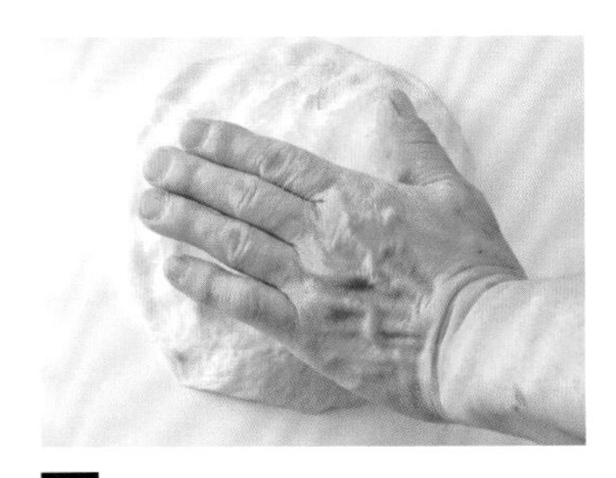

**13** 擠壓空氣。

把碗翻過來取出麵團放在工作台上，直接以兩手擠壓空氣。

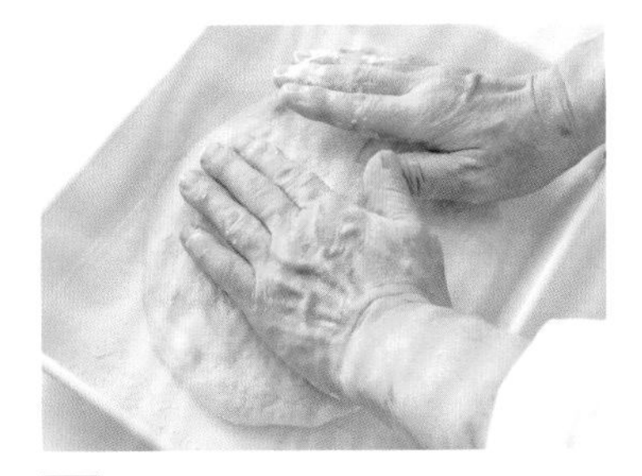

**14** 放入冰箱冷凍20～30分鐘。

托盤撒上一層薄薄手粉並放上麵團。用手稍微按壓整成平坦狀，寬鬆覆蓋灑有手粉的保鮮膜，放入冰箱冷凍20～30分鐘。

麵團經冷卻後比較容易折疊，但是要注意不要冰凍過頭。

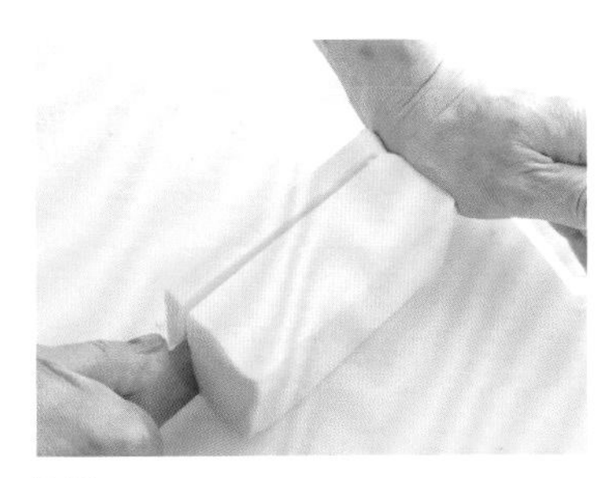

**15** 準備折疊用的奶油。

麵團冷卻的期間準備好要使用的奶油，奶油厚度切成1㎝。

爲了讓**16**～**17**的擀麵動作容易進行，要切成薄片。奶油不要恢復室溫，要在冰冷狀態下使用。之後到麵團成形爲止的步驟都要在涼爽處進行。

接續p.84

## 16 以擀麵棍敲打奶油。

奶油放在保鮮膜上並包覆，接著以擀麵棍敲打。

先以擀麵棍敲打成容易擀平的硬度。

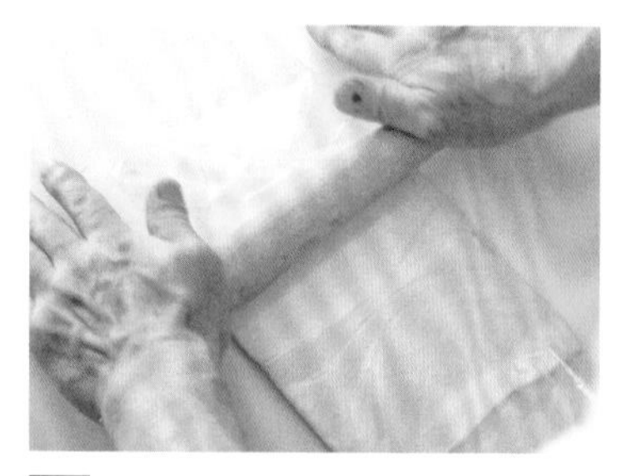

## 17 將奶油擀薄。

擀成 20cm × 15cm的方型。

## 18 放入冰箱冷藏。

將奶油放入冰箱冷藏。

在折疊前要先冷藏，但若是冰到硬梆梆就無法進行這個動作，所以請冷藏至奶油不會融化的冰涼程度即可。

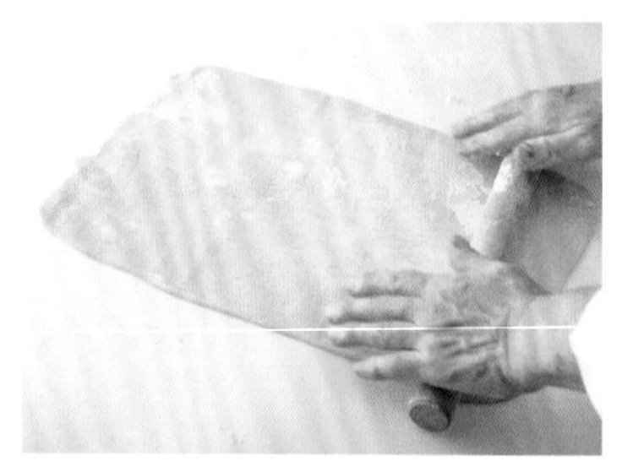

## 19 麵團對折擀平。

從冰箱取出麵團，立刻以擀麵棍擀成 45 cm× 22cm的大小。

改變麵團的縱向橫向方位，朝各個方向擀平。如果不這麼做，在烘烤時麵團就很容易縮小。

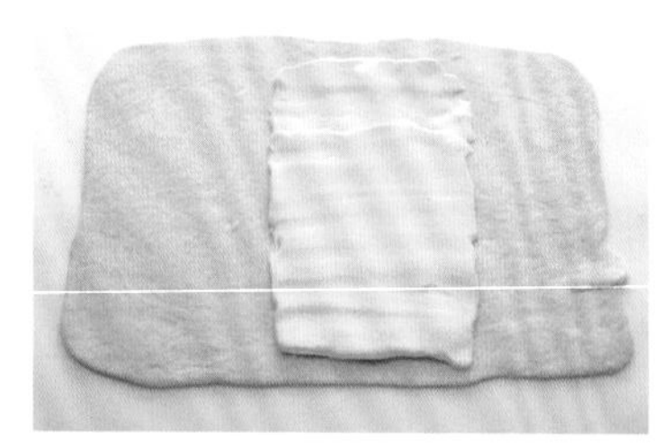

## 20 放上奶油。

將麵團橫向擺放。從冰箱取出奶油以縱向方式放在麵團中央。

萬一奶油冷藏太久而過硬，可以先以擀麵棍敲打直到恢復原來的硬度。

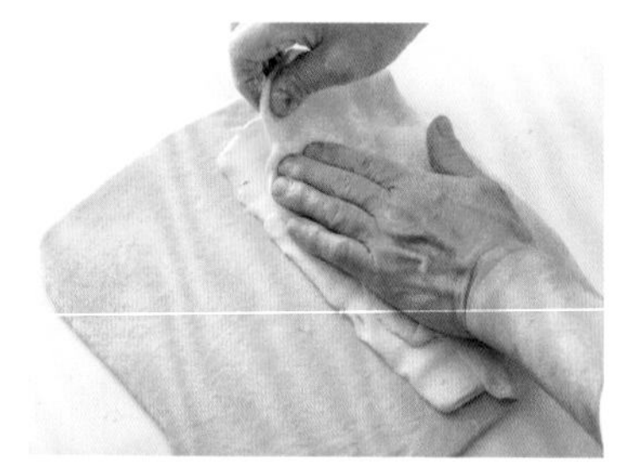

## 21 從右側開始對折。

麵團從右側對折。

麵團一定要工整地覆蓋住奶油。這種包覆奶油的方式很簡單，而且也能讓麵團的各個角落都均勻混合奶油。建議可作為在家製作時所使用的方法。

## 22 滾動擀麵棍使麵團緊密附著。

利用擀麵棍的滾動來讓麵團緊貼著。

用力滾動擀麵棍也沒關係。

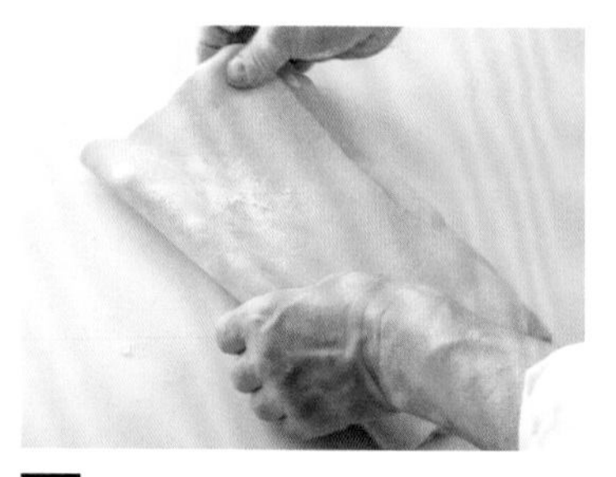

## 23 麵團從左側對折。

麵團左側也以相同方式對折，並調整為工整的外型。

## 24 用擀麵棍調整為工整外型。

滾動擀麵棍來讓麵團與奶油緊密附著。

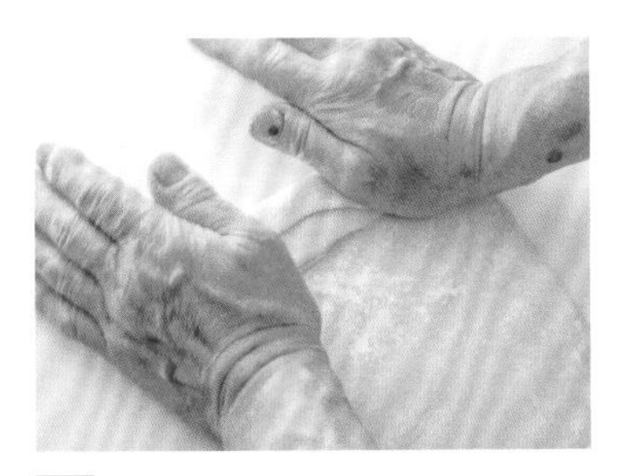

## 25 從前端往下折。

由於左右對折時上下沒有閉合，所以要往下折約 1cm，然後用力按壓使其附著。

這時候包覆奶油的步驟就完成了。之後還要再進行共 3 次的 3 折動作。

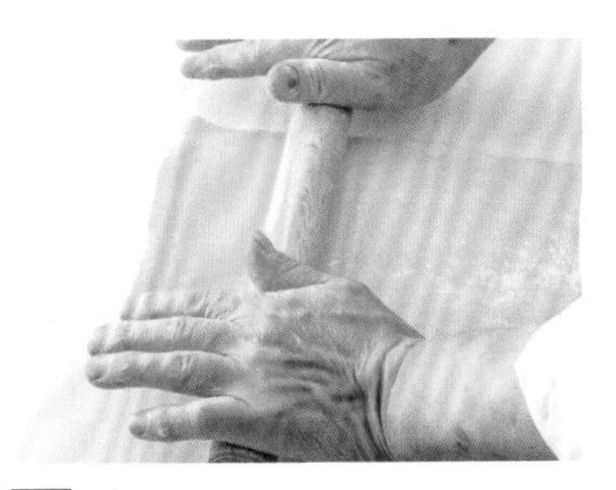

## 26 麵團擀成長 45cm的大小。

將麵團的25接合部分上下翻轉，以擀麵棍擀成長 45cm的大小。

不需變換麵團的方向，以平均的力量擀平。重點在於要將包覆的奶油均勻混合至麵團的各個角落。

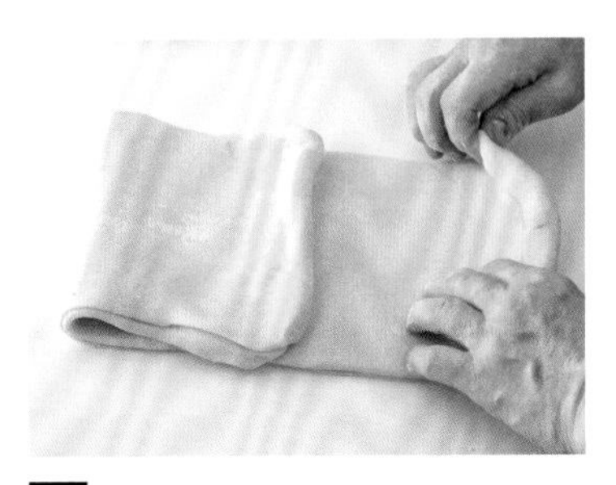

## 27 折成3折。

分別由上往下，及下往上折成均等的 3 折。

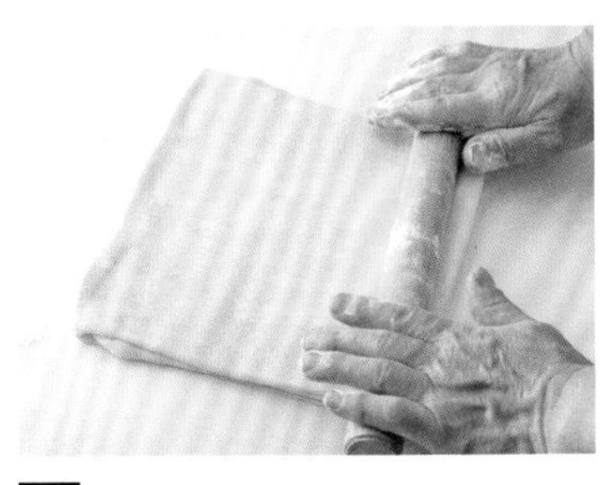

## 28 以擀麵棍調整形狀。

滾動擀麵棍讓麵團緊密，並調整形狀。

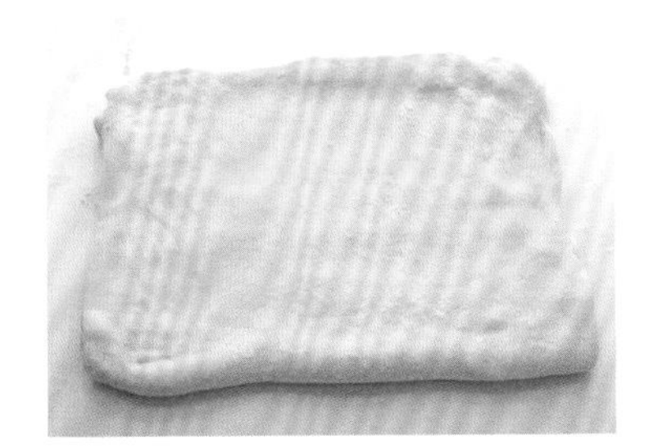

## 29 完成第一次的 3 折步驟。

完成第一次的 3 折動作。接著將麵團放在托盤上，蓋上保鮮膜冷藏 30 分鐘。

讓麩質鬆弛後再進行 3 折動作會比較輕鬆，爲了不讓奶油變軟而放入冰箱冷藏休息。重點在於確實休息過後的麵團能夠產生工整的堆疊層次。

## 30 手指按出「第一次」的記號。

在麵團上按出指印。

由於麵包店內會擺放許多的麵團，爲了不要搞錯對折的次數，每次對折都會留下指印。如果是在家中製作是可以省下這個步驟，不過這麼做不是比較專業嗎？

## 31 然後進行 2 次的 3 折動作。

將麵團從29的對折方向 90 度轉動，同樣以擀麵棍擀成長 45cm的大小，接著從上到下以及下到上均等折 3 折。放入冰箱冷藏 30 分鐘，然後再重複相同動作 1 次。

爲避免在烘烤時麵團會縮水，每次都要改變麵團方向再進行 3 折。

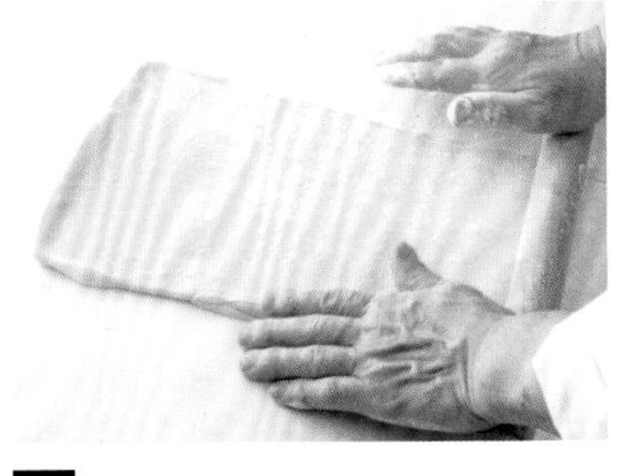

## 32 擀平麵團後分割。

將完成 3 次折疊，且放入冰箱冷藏休息 30 分鐘的麵團放在工作台上。從第 3 次的折疊方向轉 90 度，再以擀麵棍擀成厚度 3cm、40cm × 15cm的大小。

如果前一天就完成至31步驟後放入冰箱冷藏，隔天再進入成形階段也 OK。

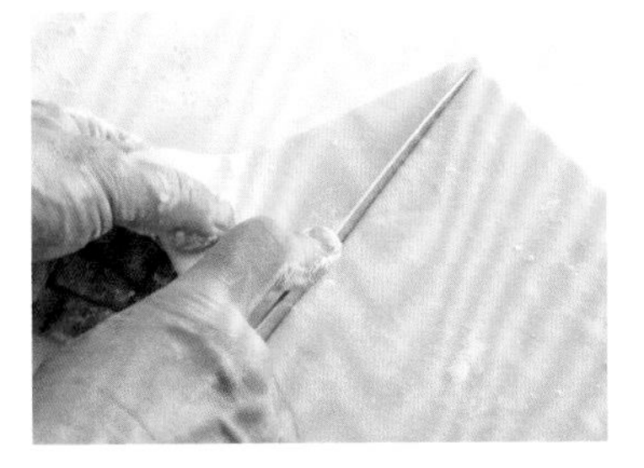

## 33 分割成三角形，休息 1 小時。

麵團橫向擺放，上下切割工整。以刀子從一端切割出 10 片底邊 7cm的等邊三角形。1 片的重量為 50g，放在托盤上並覆蓋保鮮膜，接著放入冰箱冷藏休息 1 小時。

接續 p.86

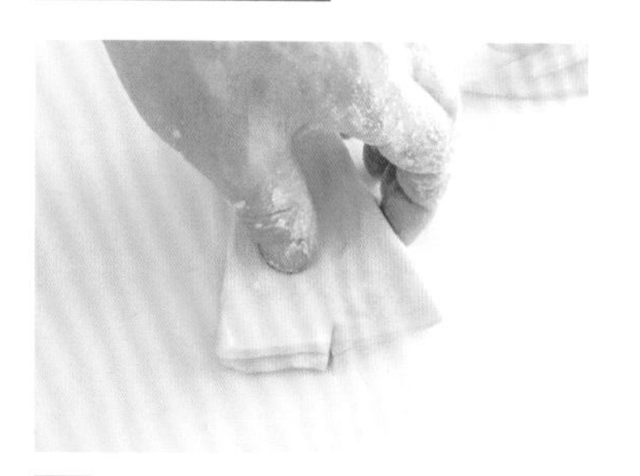

**34 成形，底邊劃下切口。**

從冰箱取出麵團。在底邊的中心以刀子劃下長 5㎜的切口。

可頌麵包的重點在於折疊的層次感。所以在成形時要注意不要碰觸到33的切口，也就是麵團的層次部分。

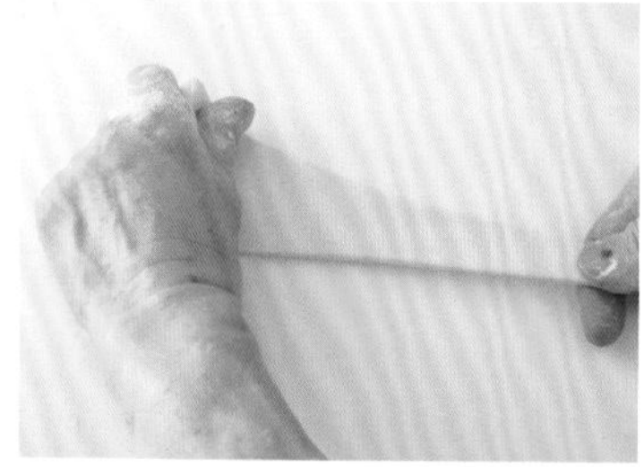

**35 拉扯頂點。**

底邊朝上，左手抓住底邊，右手將下方頂點的部分輕輕往下拉。

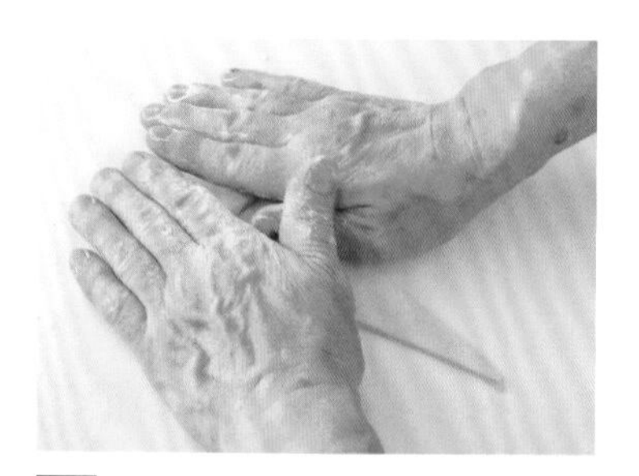

**36 捲起麵團。**

將底邊的切口稍微左右分開，兩手放在底邊的上方。直接將切口的左右兩端稍微拉開，然後開始捲起麵團。接著只要朝下方輕輕地轉動捲起即可。

不要破壞層次輕輕地捲起麵團。

**37 最後發酵為 1 小時 30 分鐘。**

將捲好的麵團排列在烤盤上，寬鬆地覆蓋灑有手粉的保鮮膜，移至溫暖處進行 1 小時 30 分鐘的最後發酵。

爲避免奶油融化，溫度不要超過 30℃。

**38 完成最後發酵。**

最後發酵結束。

麵團膨脹至約 1.5 倍大即可，不只是要注意時間，也要確認麵團的大小。

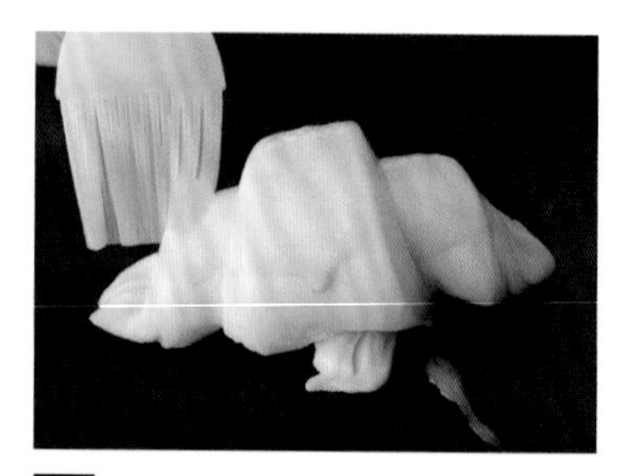

**39 塗抹蛋液，200℃烘烤 15 分。**

雞蛋打散，以毛刷塗抹 2 次蛋液。放入烤箱以 200℃烘烤約 15 分鐘，完成後擺在鐵網上放涼。

塗抹蛋液要小心，不要破壞麵團層次。

CHECK

成形後麵團的斷面是否有工整的層次呢？如果成功烘烤出工整的層次，就會呈現這樣的螺旋狀。

烘烤前

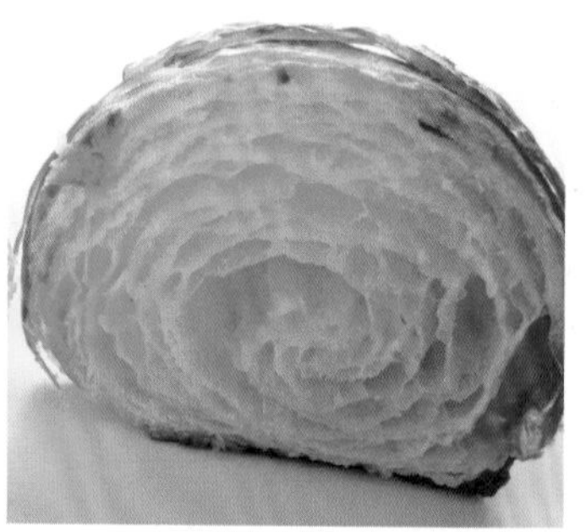

烘烤後

**Chef's voice**

如果無法一次全部烘烤完成，分 2 次烘烤也沒關係。由於麵團有加入砂糖與雞蛋，所以只要將之後要烘烤的份量，暫時放入冰箱冷藏停止發酵。在烘烤前 15 分鐘取出恢復室溫即可。不過最好還是在34之後的成形階段就 1 次烘烤完成。

# 利用剩餘的可頌麵團

這是將分割時多餘的可頌麵團善加利用的食譜。
混合在麵團內的細砂糖，在烘烤過程中焦糖化，會產生脆脆的口感。

## 杏仁脆餅
Croquant

**材料（2個份）**

多餘的可頌麵團（➡p.80）……約100g
核桃……35g
細砂糖……15g
鏡面果膠（表面）……適量

鏡面裝飾（表面）
- 糖粉……90g
- 糖漿……30g

糖漿的做法是小鍋內放入細砂糖100g，倒入125g的水，開火煮至沸騰後冷卻。

**事前準備**

- 烤盤預熱。
- 製作表面的鏡面裝飾。碗裡放入糖粉與糖漿，攪拌混合至糖粉融化。

**特別準備物品**

口徑10㎝×高3㎝的瑪德蓮模型2個、和模型相同尺寸的鋁箔杯2個、噴霧器、毛刷

**做法**

1. 用刀子把多餘的可頌麵團隨意切成2㎝左右的方型。
2. 接著放上核桃與麵團一起切碎，撒上細砂糖後再繼續切（a）。
3. 模型鋪上鋁箔杯，以噴霧器稍微遠離模型噴水。
4. 將2的70～80g放入模型（b），輕壓使其變得工整。
5. 模型上寬鬆地覆蓋灑有手粉的保鮮膜，進行約1小時30分鐘的最後發酵。
6. 將5擺上在預熱過的烤盤上，以200℃烘烤20分鐘。
7. 烘烤完成後趁熱立刻以毛刷塗抹鏡面果膠。鏡面裝飾則是加熱至體溫程度，毛刷在表面均勻塗抹（c）。

a

麵團切小塊的同時，也加入核桃和細砂糖混合切碎。

b

可使用手邊有的模型即可，就算只有鋁箔杯也沒關係。但是高度較淺的模型熱傳導性較強，很快就會烤得香脆。由於成品必須是塞滿模型的堅硬狀態，所以要讓餡料聚集成一整塊。

c

爲了要讓鏡面果膠出現光澤，以及不讓麵團吸收到鏡面裝飾，所以會先塗抹這一層果膠。鏡面果膠的部分請依照產品說明進行加熱等步驟的事前準備。

# 巧克力可頌

## Pain au chocolat

說到可頌麵團的變化方式，首先會想到的應該就是巧克力可頌了。其中加入麵團裡捲起的巧克力，其實是有在販賣的棒狀產品，名稱是棒狀巧克力。我自己因爲很喜歡巧克力，所以會一次放入 3 條的棒狀巧克力。**經過烘烤後，巧克力的會稍微融化沾染至麵團的部分，以及口感酥脆的部分，混雜了 2 種巧克力的不同口感。**在製作時請小心不要破壞了麵團的層次，而影響可頌的外觀。

## 材料（6個份）

可頌麵包的麵團（➡p.80）…… 全部
棒狀巧克力 …… 18條
雞蛋（塗抹用蛋液）…… 適量

棒狀巧克力是市面上有販賣的條狀製麵包用的巧克力，食譜是使用1條約3.3g，長7.8㎝的產品。

## 事前準備

- 奶油置於室溫下，測試是否恢復至手指下壓立即凹陷的軟硬狀態。

## 特別準備物品

擀麵棍、毛刷

## 製作流程

|  |  |
| --- | --- |
| ▼ 揉麵 | 揉麵溫度 25℃ |
| ▼ 第一次發酵 | 1小時30分 |
| ▼ 折疊 | ● 放入冷凍庫冷卻20～30分鐘。<br>● 折3折×3次（每次對折都要放入冰箱冷藏休息30分鐘）。 |
| ▼ 分割 | ● 麵團擀成厚3㎜、40㎝×15㎝。<br>● 切割為13㎝×7㎝的大小。<br>● 放入冰箱冷藏休息1小時。 |
| ▼ 成形 | 包覆並且捲起棒狀巧克力 |
| ▼ 最後發酵 | 1小時 |
| ▼ 烘烤 | 塗抹蛋液<br>200℃ 15分 |

## 做法

**1** 和「可頌麵包」(➡p.80) 1～32步驟相同。

**2** 切割6片13㎝×7㎝。放在托盤上再覆蓋保鮮膜，接著放進冰箱冷藏休息1小時。

**3** 從冰箱取出麵團橫向放在工作台上，從麵團的左端的大約2㎝處放上1條棒狀巧克力。

**4** 從麵團左端覆蓋捲起棒狀巧克力（a）。

**5** 在捲起的麵團再放上2條棒狀巧克力（b）。

**6** 將放上2條棒狀巧克力的部分作為中心捲起麵團。

**7** 捲好後接合處朝下放在烤盤上，寬鬆覆蓋灑有手粉的保鮮膜。移至溫暖處進行約1小時最後發酵（c）。

**8** 雞蛋打散以毛刷塗抹2次蛋液，接著放入烤箱以200℃烘烤約15分鐘。完成後擺在鐵網上放涼。

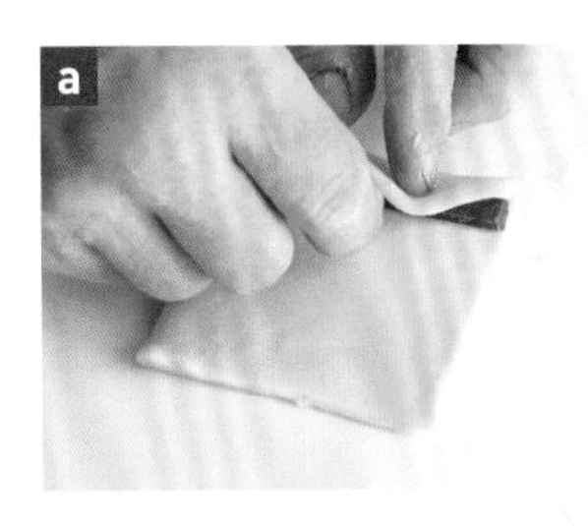

a 在麵團左端約2㎝放上1條棒狀巧克力，擺放時棒狀巧克力要稍微凸出於麵團的上下部分。然後從左方覆蓋住麵團。

b 覆蓋住後麵團還有多餘的部分，所以再放上2條的棒狀巧克力，最後將麵團捲起來。注意不要破壞麵團的層次，輕輕地將麵團捲起。

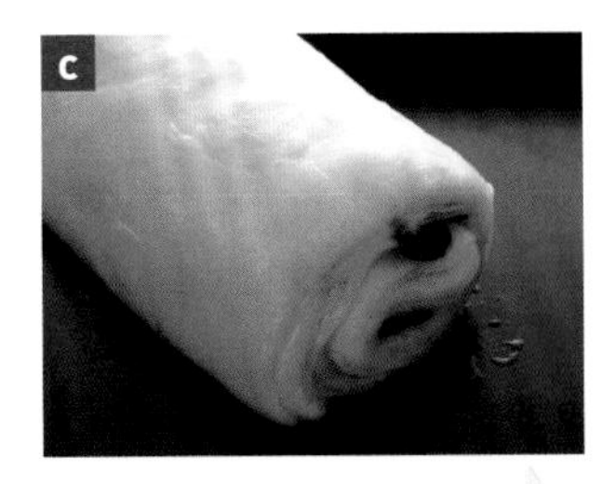

c 經過最後發酵後麵團會膨脹至1.5倍的大小。麵團的堆疊層次會各自膨脹，會將棒狀巧克力之間的空隙補滿。不過要注意最後發酵若超過30℃奶油會融化。

# 香腸可頌

## Pain à la saucisse

**可頌麵團其實和鹹味食材十分搭配**。在滿是奶油香味的麵團塗抹芥末醬，然後放上香腸捲起來。搖身一變成爲鹹味麵包，很適合與啤酒或是紅酒一起享用。如果將這種麵包**做成小尺寸，就成為了派對手上的小點心**。這時候要將麵團切割爲一半的3.5cm方型大小，朝縱向稍微擀平，然後放入長約4cm的小香腸後再捲起。

**材料（10 個份）**

可頌麵包的麵團（➡p.80）…… 全部
芥末醬 …… 適量
香腸（長約 7.5㎝左右）…… 10 條
美乃滋 …… 適量
乾燥巴西里 …… 適量
雞蛋（塗抹用蛋液）…… 適量

**事前準備**

- 奶油置於室溫下，測試是否恢復至手指下壓立即凹陷的軟硬狀態。

**特別準備物品**

擀麵棍、剪刀、毛刷

**製作流程**

| | |
|---|---|
| ▼ 揉麵 | 揉麵溫度 25℃ |
| ▼ 第一次發酵 | 1 小時 30 分 |
| ▼ 折疊 | • 放入冷凍庫冷卻 20 ～ 30 分鐘。<br>• 折 3 折 × 3 次（每次對折都要放入冰箱冷藏休息 30 分鐘）。 |
| ▼ 分割 | • 麵團擀成厚 3㎜、40㎝ × 15㎝。<br>• 切割 7㎝方型大小。<br>• 放入冰箱冷藏休息 1 小時。 |
| ▼ 成形 | • 塗抹芥末醬，放上香腸捲起。<br>• 剪出刀痕，加美乃滋和乾燥巴西里。 |
| ▼ 最後發酵 | 1 小時 |
| ▼ 烘烤 | 塗抹蛋液 200℃ 15 分 |

**做法**

1 和「可頌麵包」（➡p.80）1～32步驟相同。

2 切割 10 片 7 ㎝的方型。放在托盤並覆蓋保鮮膜，接著放進冰箱冷藏休息 1 小時。

3 從冰箱取出麵團，以麵棍稍微成縱向的長方型。

4 從麵團中央稍朝對向塗抹芥末醬。

5 打散雞蛋，以毛刷朝麵團靠近自己的那一側邊緣塗抹蛋液。

6 在芥末醬上面放上香腸（a）。

7 麵團由上而下覆蓋香腸，以此作為中心往下捲起。捲好之後接合處朝下，用從上方輕壓麵團，讓接合處能夠緊密附著。

8 將麵團擺放在烤盤上。剪刀的刀刃沾水，朝麵團上面的中央處剪下 2 道刀痕（b）。

9 在刀痕擠上美乃滋，然後再撒上乾燥巴西里（c）。

10 烤盤寬鬆地覆蓋灑有手粉的保鮮膜，移至溫暖處進行約 1 小時的最後發酵。

11 打散雞蛋以毛刷塗抹 2 次蛋液。放入烤箱以 200℃烘烤約 15 分鐘。完成後取出擺在鐵網上放涼。

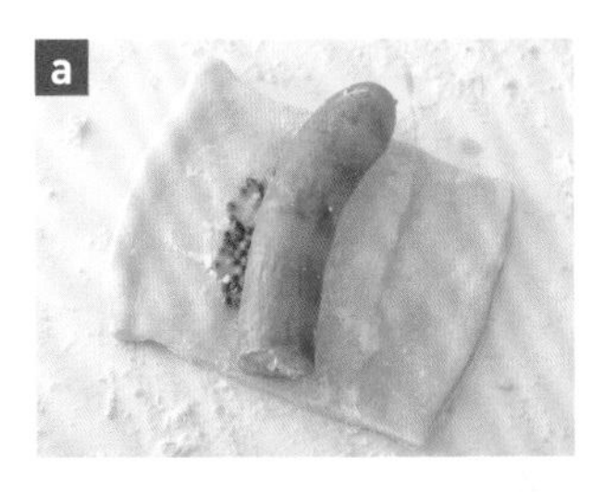

a 在麵團靠近自己的邊緣塗抹負責黏著的蛋液後捲起。要是香腸非適當長度，可切除左右兩端凸出的約 5㎜部分。

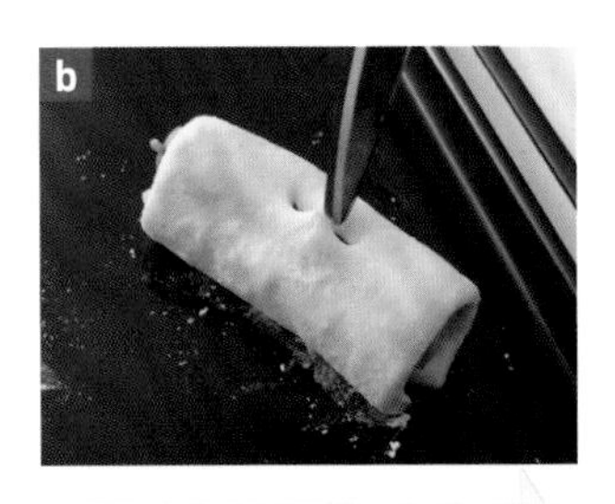

b 剪刀剪出 2 個孔洞。由於有 2 個孔洞，所以美乃滋不容易溢出，還能幫助麵團膨脹。

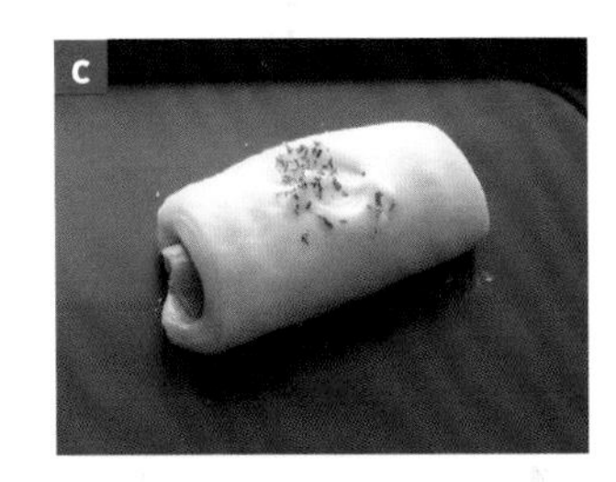

c 擠上美乃滋並撒上乾燥巴西里，然後進行最後發酵。如果不一次烘烤完成，可以將成形後的麵團放入冰箱冷藏，暫時讓其停止發酵也沒關係。在烘烤前 15 分鐘從冰箱取出恢復室溫即可。不過要注意最後發酵若超過 30℃奶油會融化。

# 丹麥麵包

Danoise

原本是想做出加入雞蛋、砂糖，以及大量奶油，味道上較接近甜點的甜麵團，但其實只要加上甜味食材的點綴，味道上就沒什麼兩樣，所以可以在家中利用可頌麵團來做這款麵包。不過由於**少量的砂糖無法烘烤出看起來很美味的表面深焦糖色，所以在烘烤前要先塗抹 2 次的蛋黃液**。麵包的外型與點綴食材則是可以自由做出各種變化！

# 風車丹麥

## Moulin

「Moulin」在法文中是代表「風車」的意思。雖然外型看來複雜，但只要記住做法，麵包的成形就很簡單。

**材料（9 個份）**

可頌麵包的麵團（➡p.80）…… 全部
杏仁奶油（➡p.35）…… 45g
杏仁果 …… 4 ½個
蛋黃（塗抹用蛋液）…… 適量

**事前準備**

- 奶油置於室溫下，測試是否恢復至手指下壓立即凹陷的軟硬狀態。
- 杏仁果縱向切成兩半。
- 塗抹用的蛋黃液以蛋黃2對水1的比例（份量外）混合均勻。

**特別準備物品**

擀麵棍、擠花袋、花嘴（口徑3㎜）、毛刷

**製作流程**

| | |
|---|---|
| ▼ 揉麵 | 揉麵溫度 25℃ |
| ▼ 第一次發酵 | 1小時30分 |
| ▼ 折疊 | • 放入冷凍庫冷卻20～30分鐘。<br>• 折3折×3次（每次對折都要放入冰箱冷藏休息30分鐘）。 |
| ▼ 分割 | • 麵團擀成厚4㎜。<br>• 切割8㎝方型大小。<br>• 放入冰箱冷藏休息1小時。 |
| ▼ 成形 | • 劃下切痕，擠入杏仁奶油。<br>• 塑形為風車形狀。 |
| ▼ 最後發酵 | 1小時 |
| ▼ 烘烤 | 塗抹蛋黃液<br>200℃ 15分 |

**做法**

1. 和「可頌麵包」（➡p.80）1～32的步驟相同。只不過要以擀麵棍擀成4㎜的厚度，為方便2好切割的尺寸。
2. 切割9片8㎝的方型。放在托盤上並覆蓋保鮮膜，接著放進冰箱冷藏休息1小時。
3. 在麵團的4個角落，以刀子劃出4.5㎝長的對角線切痕。
4. 用毛刷塗抹蛋黃液在四角（a）。
5. 擠花袋裝上花嘴後倒入杏仁奶油，擠出連結切痕前端的5g環狀圓形。
6. 將切痕單側的麵團前端按順序往中心對折（b）。
7. 在麵團對折的中心放上切半的杏仁果，然後再從上方用力按壓使麵團緊密附著（c）。
8. 麵團放在烤盤上，寬鬆覆蓋灑有手粉的保鮮膜。移至溫暖處進行1小時的最後發酵。
9. 以毛刷塗抹2次的蛋黃液，放入烤箱以200℃烘烤約15分鐘。完成後擺在鐵網上放涼。

a

在麵團的四個角落劃下切口，並在各個角落都塗抹上蛋黃液。蛋黃液是爲了讓麵團能緊密附著。

b
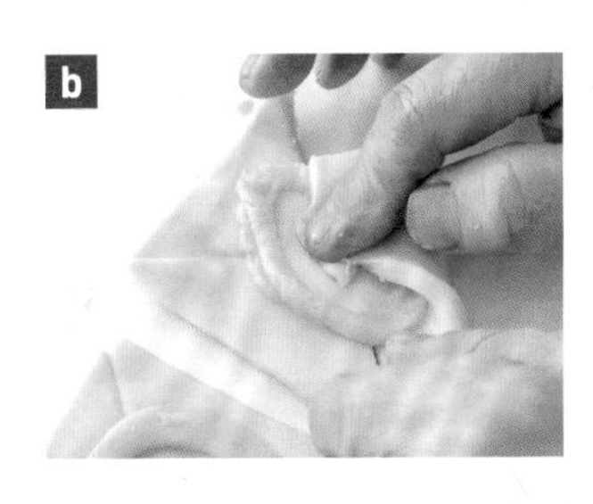

杏仁奶油擠成環狀，將切口的單側麵團按順序朝中心對折。

c
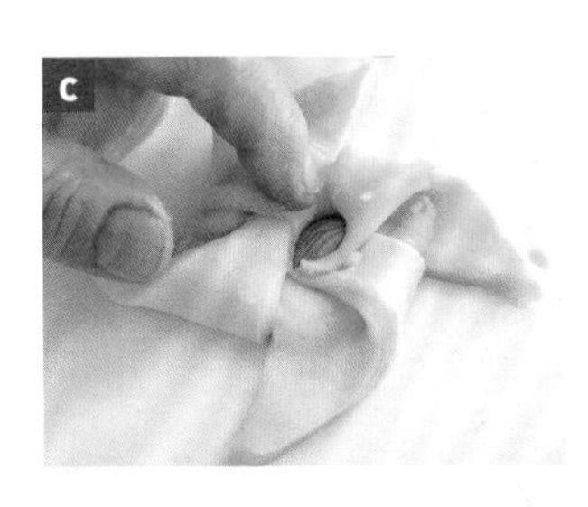

在所有麵團中心都放上杏仁果，並確實緊密壓著。

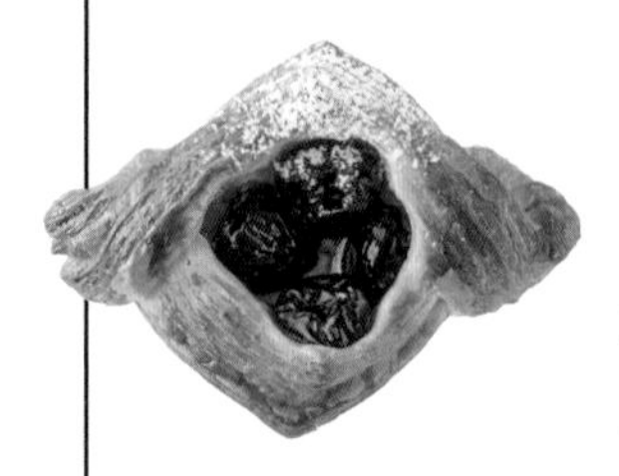

# 櫻桃丹麥

Cerises

就跟名稱一樣，麵包裡會出現糖漬黑櫻桃。這種麵包的塑形方式在麵包店是基本動作，又稱作船型。

## 材料（9個份）

可頌麵包的麵團（➡p.80）……全部
卡士達醬（➡p.36）……適量
糖漬黑櫻桃（市售產品）……36顆
蛋黃（塗抹用蛋液）……適量
糖粉……適量

## 事前準備

- 奶油置於室溫下，測試是否恢復至手指下壓立即凹陷的軟硬狀態。
- 塗抹用的蛋黃液以蛋黃2對水1的比例（份量外）混合均勻。

## 特別準備物品

擀麵棍、擠花袋、花嘴（口徑3㎜）、毛刷、濾網

## 製作流程

|  |  |
|---|---|
| ▼揉麵 | 揉麵溫度 25℃ |
| ▼第一次發酵 | 1小時30分 |
| ▼折疊 | • 放入冷凍庫冷卻20～30分鐘。<br>• 折3折×3次（每次對折都要放入冰箱冷藏休息30分鐘）。 |
| ▼分割 | • 麵團擀成厚4㎜。<br>• 切割8㎝方型大小。<br>• 放入冰箱冷藏休息1小時。 |
| ▼成形 | 劃下切口折成船型 |
| ▼最後發酵 | 1小時 |
| ▼烘烤 | • 擠入卡士達醬。<br>• 放上糖漬黑櫻桃。<br>• 塗抹蛋黃液。<br>200℃ 15分 |

## 做法

**1** 和「可頌麵包」（➡p.80）1～32的步驟相同。只不過要以麵棍成4㎜的厚度，為方便2好切割的尺寸。

**2** 切割9片8㎝的方型。放在托盤並覆蓋保鮮膜，接著放進冰箱冷藏休息1小時。

**3** 以對角線對折，左右的邊緣5㎜處劃下切口。但是在兩個切口交叉的頂點，要留下5㎜沒有切斷的部分（a）。

**4** 將麵團攤開恢復至原狀（b），以毛刷在邊緣塗抹蛋黃液。

**5** 將切開的那個角落朝對角對折，而對角的切開部分也以相同方式對折。確認對折處有緊密附著（c）。

**6** 麵團放在烤盤上，寬鬆地覆蓋灑有手粉的保鮮膜。移至溫暖處進行約1小時的最後發酵。

**7** 擠花袋裝上花嘴，並倒入卡士達醬。朝麵團中央各擠出少量的卡士達醬。

**8** 各放上4顆糖漬櫻桃。

**9** 麵團以毛刷塗抹2次的蛋黃液，放入烤箱以200℃烘烤約15分鐘。完成後擺在鐵網上放涼。放涼後以濾網朝表面撒下糖粉。

a

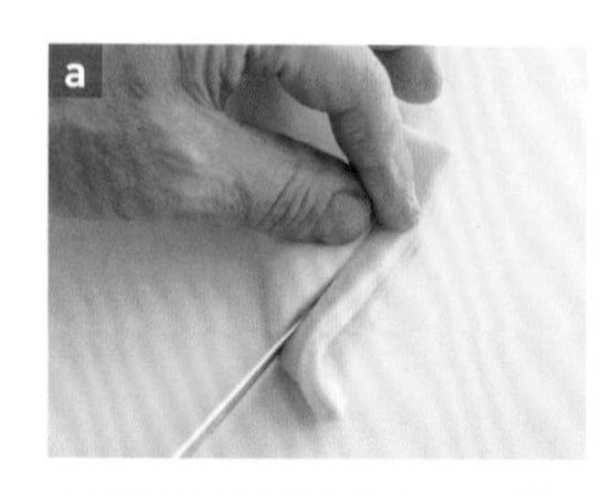

麵團的以對角線對折，在左右的邊緣5㎜處劃下切口。但是在兩個切口交叉的頂點要留下5㎜沒有切斷的部分。

b

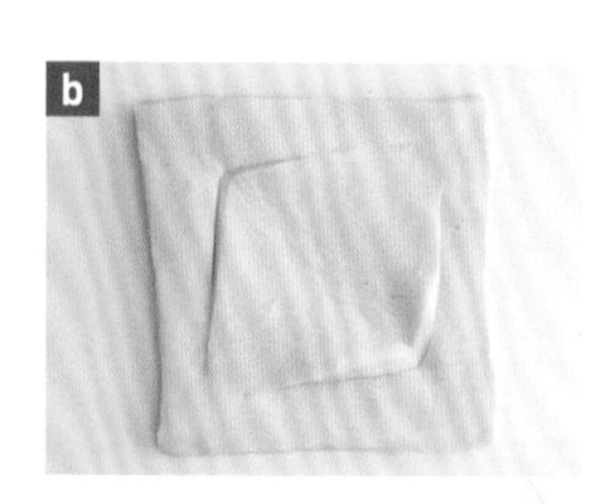

在a劃下切口的麵團會變成這個樣子。

c

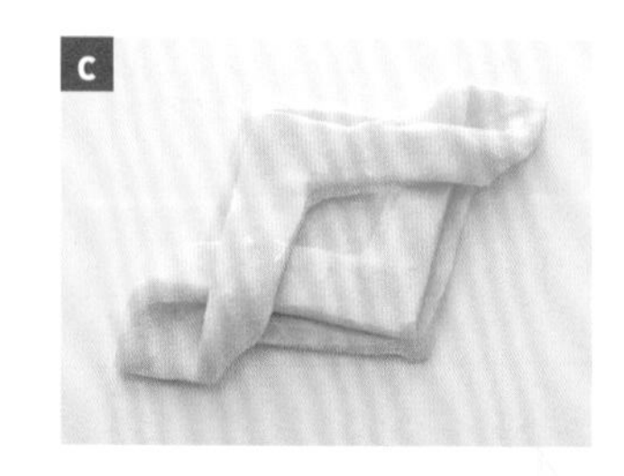

將切下的2個角落都各自朝對角折起，然後就會變成這個形狀。這是麵包店從以前就會經常使用的手法，這個形狀稱為船型。

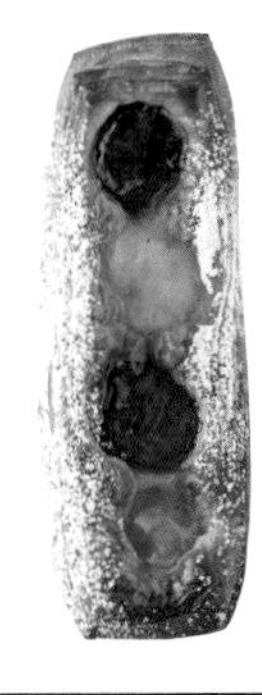

# 栗子丹麥

Marronnier

擠入栗子奶油，並放上甘露煮栗子與澀皮煮栗子的栗子大餐，這是在秋天絕對不能錯過的一道麵包大餐

### 材料（10個份）

可頌麵包的麵團（➡p.80）…… 全部
栗子奶油（市售產品）…… 適量
甘露煮栗子（市售產品）…… 10 顆
澀皮煮栗子（市售產品）…… 10 顆
蛋黃（塗抹用蛋液）…… 適量
糖粉 …… 適量

### 事前準備

- 奶油置於室溫下，測試是否恢復至手指下壓立即凹陷的軟硬狀態。
- 塗抹用的蛋黃液以蛋黃2對水1的比例（份量外）混合均勻。

### 特別準備物品

擀麵棍、擠花袋、花嘴（口徑3㎜）、毛刷、濾網

### 製作流程

▼ 揉麵　揉麵溫度 25℃

▼ 第一次發酵　1小時30分

▼ 折疊
- 放入冷凍庫冷卻20～30分鐘。
- 折3折×3次(每次對折都要放入冰箱冷藏休息30分鐘)。

▼ 分割
- 麵團擀成厚4㎜。
- 切割8㎝方型大小。
- 放入冰箱冷藏休息1小時。

▼ 最後發酵　1小時

▼ 成形
- 擠入栗子奶油。
- 放上栗子。

▼ 烘烤　塗抹蛋黃液　200℃　15分

### 做法

**1** 和「可頌麵包」(➡p.80) **1**～**32**的步驟相同。只不過要以擀麵棍擀成4㎜的厚度，為方便**2**好切割的尺寸。

**2** 切割10片15㎝×4㎝（a）。放在托盤上並覆蓋保鮮膜，接著放進冰箱冷藏休息1小時。

**3** 麵團放在烤盤上，寬鬆地覆蓋灑有手粉的保鮮膜。移至溫暖處進行1小時的最後發酵。

**4** 擠花袋裝上花嘴，並倒入栗子奶油。在**3**的麵團少量均等的擠在4個地方（b）。

**5** 將甘露煮栗子與澀皮煮栗子都各切成一半，在**4**交互放上切成一半的栗子，然後用力按壓麵團，使栗子緊貼麵團（c）。

**6** 以毛刷塗抹2次蛋黃液至**5**的麵團上，放入烤箱以200℃烘烤約15分鐘。完成後擺在鐵網上放涼。放涼後以濾網朝表面撒下糖粉。

a
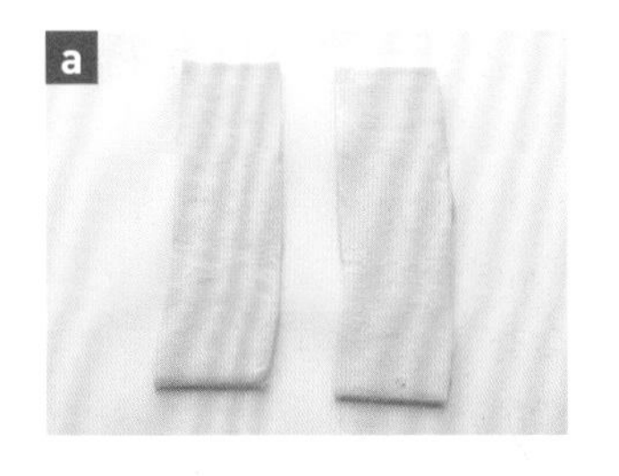

切割麵團進行最後發酵。

b
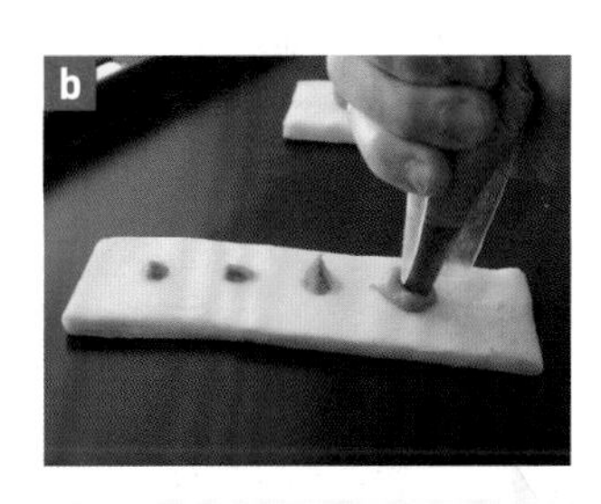

擠入栗子奶油作爲麵團和栗子的黏合劑。栗子奶油也可以換成杏仁奶油（➡p.35）。

c
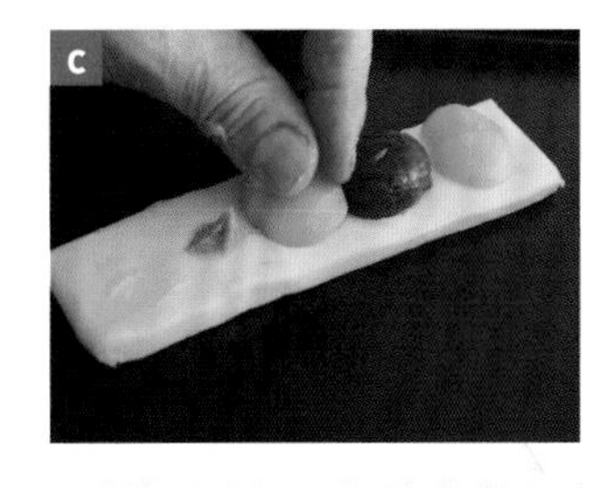

交錯放上甘露煮栗子和澀皮煮栗子，按壓麵團使其附著。塗抹蛋黃液後就可以烘烤。

# 蘋果丹麥

Pomme

接著還要再介紹利用可頌麵團製作成「丹麥麵包」的食譜。丹麥麵包的優點是以麵團爲基礎，**能夠以各種形式吃到美味的季節水果**。蘋果可以做成燉煮出柔和焦糖味的糖煮水果，或是直接切片放在麵包上，都可以品嘗出濃厚的風味與清爽口感，還會飄散出與蘋果十分契合的香草和肉桂香氣。

## 材料（12個份）

可頌麵包的麵團（➡p.80）…… 全部

◆糖煮蘋果（容易製作的份量）
- 蘋果 …… 中型1個（300g）
- 無鹽奶油 …… 25g
- 砂糖 …… 45g
- 香草莢 …… ⅙根

蘋果 …… 3個
肉桂糖 …… 適量
無鹽奶油 …… 1㎝方型12個
蛋黃（塗抹用蛋液）…… 適量
糖漿、鏡面果膠（裝飾用）
…… 各適量

肉桂糖是以細砂糖5對肉桂粉1的比例混合而成。糖漿則是100g細砂糖與125g的水混合，開火煮至沸騰後冷卻。

## 事前準備

- 奶油置於室溫下，測試是否恢復至手指下壓立即凹陷的軟硬狀態。
- 塗抹用的蛋黃液以蛋黃2對水1的比例（份量外）混合均勻。

## 特別準備物品

擀麵棍、蘋果圖案的壓模（直徑12㎝）、毛刷

## 製作流程

|  |  |
|---|---|
| ▼揉麵 | 揉麵溫度 25℃ |
| ▼第一次發酵 | 1小時30分 |
| ▼折疊 | ● 放入冷凍庫冷卻20～30分鐘。<br>● 折3折×3次（每次對折都要放入冰箱冷藏休息30分鐘）。 |
| ▼分割 | ● 麵團擀成厚3㎜。<br>● 切割為蘋果形狀。<br>● 放入冰箱冷藏休息1小時。 |
| ▼最後發酵 | 1小時 |
| ▼成形 | ● 塗抹蛋黃液。<br>● 放上糖煮蘋果、切片蘋果、肉桂糖、奶油。 |
| ▼烘烤 | 200℃ 20分<br>塗抹糖漿 |
| ▼表面裝飾 | 塗抹鏡面果膠 |

## 做法

**1** 製作糖煮蘋果。蘋果削皮去芯切成小塊。平底鍋內放入奶油，開火拌炒蘋果，加入砂糖和香草莢開小火燉煮。等到蘋果變軟呈現焦糖色，就可以關火放涼。

**2** 和「可頌麵包」（➡p.80）1～32的步驟相同。只不過要以擀麵棍擀成3㎜的厚度。

**3** 切割成蘋果形狀的12片。放在托盤上並覆蓋灑有手粉的保鮮膜，接著放進冰箱冷藏休息1小時。

**4** 從冰箱取出麵團放在烤盤上，寬鬆地覆蓋灑有手粉的保鮮膜。移至溫暖處進行1小時的最後發酵（a）。

**5** 將要放在麵團上的蘋果削皮去芯，切成3㎜的薄片。

**6** 用毛刷塗抹2次蛋黃液在4的麵團上。

**7** 在麵團中央各放上1的糖煮蘋果15g（b）。

**8** 在麵團各放上¼個的切片蘋果（c）。

**9** 撒上肉桂糖並放上奶油（d）。

**10** 放入烤箱以200℃烘烤約20分鐘。完成後立即在麵包上以毛刷塗抹糖漿，並擺在鐵網上放涼。

**11** 放涼後以毛刷在蘋果上塗抹鏡面果膠（請依照產品的說明進行加熱等步驟的事前準備）。

進行最後發酵的麵團會膨脹成1.5倍的厚度。

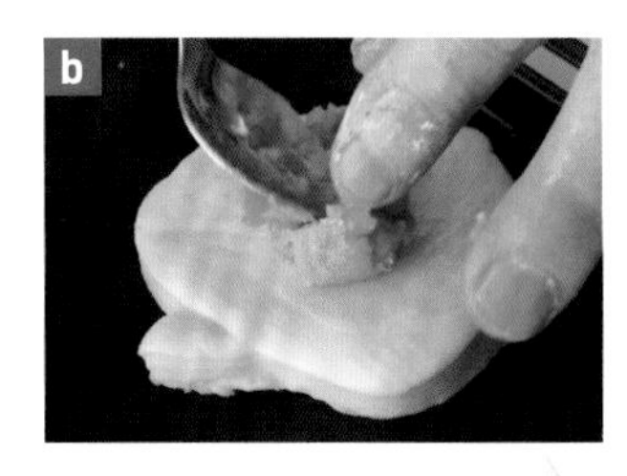


麵團塗抹2次蛋黃液，然後再放上糖煮蘋果。

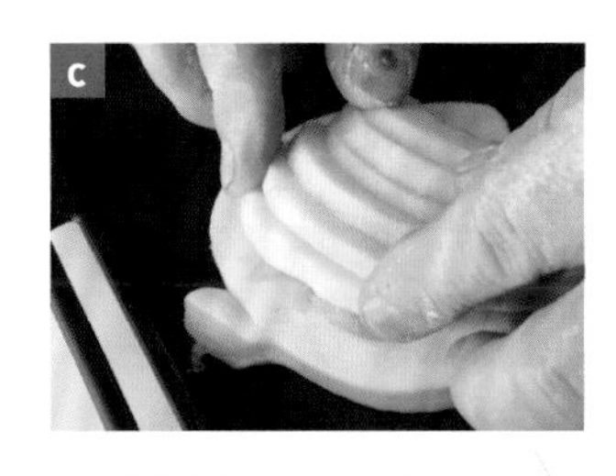


各放上¼個的蘋果薄片，以均等且歪斜的方式擺放。

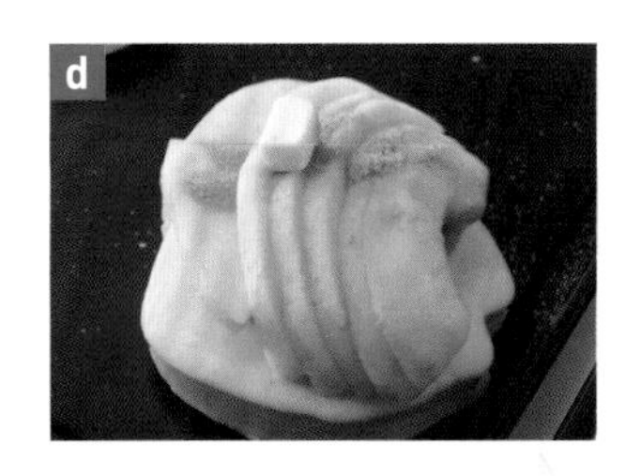


撒上肉桂糖，並放上1㎝的方型奶油。

# 洋梨丹麥

## Poire

我在法國的烘焙用品店看到了洋梨形狀的壓模，因為一見鍾情所以就衝動買下了。而且這麼可愛的模型最適合拿來製作丹麥麵包了。但由於**新鮮的洋梨，經過烘烤味道會變淡，所以是使用罐頭洋梨**。將 1 個洋梨切半後切片直接放在麵團上。如果不是使用洋梨模型也沒關係，就以手邊有的模型來製作即可。

## 材料（10個份）

可頌麵包的麵團（➡p.80）…… 全部
卡士達醬（➡p.36）…… 150g
罐頭洋梨 …… 切半10個
蛋黃（塗抹用蛋液）…… 適量
糖漿 …… 適量
鏡面果膠（裝飾用）…… 適量

糖漿是100g細砂糖與125g的水混合，開火煮至沸騰後冷卻。

## 事前準備

- 奶油置於室溫下，測試是否恢復至手指下壓立即凹陷的軟硬狀態。
- 塗抹用的蛋黃液以蛋黃2對水1的比例（份量外）混合均勻。

## 特別準備物品

擀麵棍、洋梨圖案的壓模（直徑15㎝）、擠花袋（花嘴）、毛刷

## 製作流程

| | |
|---|---|
| ▼ 揉麵 | 揉麵溫度 25℃ |
| ▼ 第一次發酵 | 1小時30分 |
| ▼ 折疊 | ● 放入冷凍庫冷卻20～30分鐘。<br>● 折3折×3次（每次對折都要放入冰箱冷藏休息30分鐘）。 |
| ▼ 分割 | ● 麵團擀成厚3㎜。<br>● 切割為洋梨形狀。<br>● 放入冰箱冷藏休息1小時。 |
| ▼ 最後發酵 | 1小時 |
| ▼ 成形 | ● 塗抹蛋黃液。<br>● 擠上卡士達醬、放上洋梨。 |
| ▼ 烘烤 | 200℃ 20分<br>塗抹糖漿 |
| ▼ 表面裝飾 | 塗抹鏡面果膠 |

## 做法

**1** 和「可頌麵包」(➡p.80) 1～32的步驟相同。只不過要以擀麵棍擀成3㎜的厚度。

**2** 將麵團切割10片的洋梨形狀。放在托盤上並覆蓋灑有手粉的保鮮膜，接著放進冰箱冷藏休息1小時。

**3** 從冰箱取出麵團放在烤盤上，寬鬆地覆蓋灑有手粉的保鮮膜。移至溫暖處進行約1小時的最後發酵。

**4** 洋梨切成3㎜的薄片。

**5** 用毛刷塗抹2次蛋黃液在3的麵團上。

**6** 擠花袋裝入花嘴，倒入卡士達醬，朝麵團中央各擠出15g的份量。

**7** 在麵團各放上1個對半切開，並切成薄片的洋梨（a）。

**8** 放入烤箱以200℃烘烤約20分鐘。完成後立即在麵團上以毛刷塗抹糖漿（b），並擺在鐵網上放涼。

**9** 放涼後以毛刷只在洋梨上塗抹鏡面果膠（依照產品說明進行加熱等步驟的事前準備，c）。

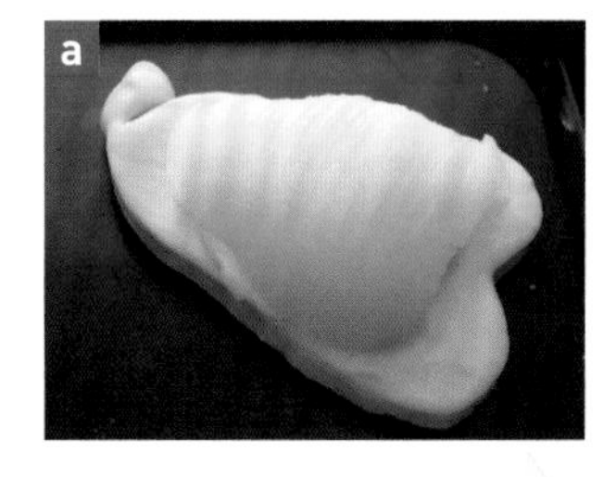

a 在進行最後發酵的麵團上塗抹2次蛋黃液，擠出卡士達醬，然後放上洋梨。

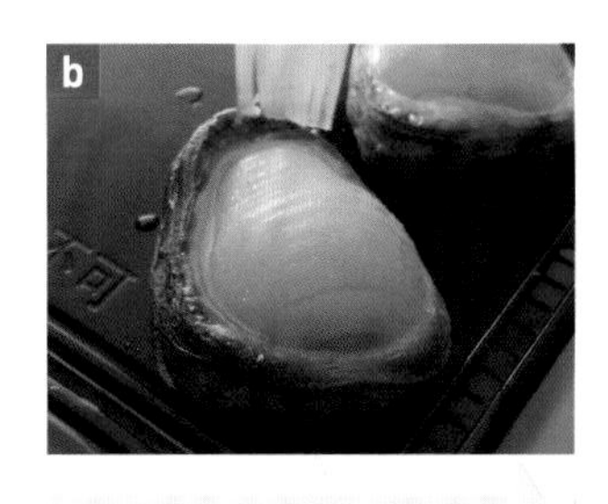

b 烘烤完成後，立即在麵團上塗抹糖漿，這步驟的目的是要讓表面產生光澤感。

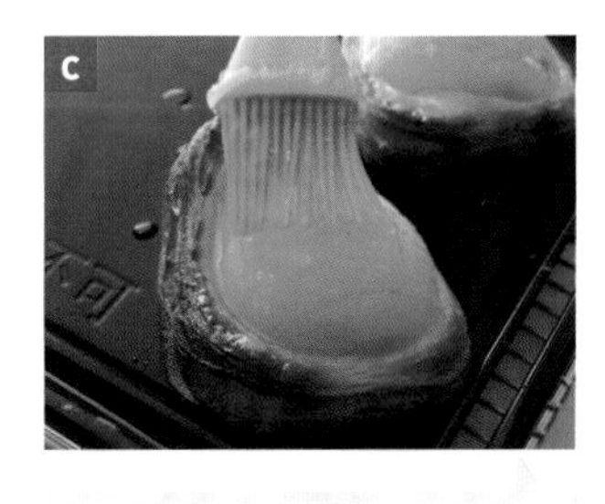

c 放涼後爲了讓洋梨有光澤感而塗抹鏡面果膠，但是不要塗抹至麵團上。亦可用加熱過的杏桃果醬來代替鏡面果膠。

## 可頌麵包的變化

老實說杏仁奶油可頌，其實是因爲前一天有賣剩的可頌麵包的再利用吃法。只不過是加入了杏仁奶油，沒想到就呈現出如此驚人的轉變。因爲吃起來味道濃郁，所以感覺也很像是在吃點心，是會讓人想要親自動手製作的美味程度。

至於紅豆可頌就是杏仁奶油可頌加了餡料的版本，而且也相當好吃。在店裡是以法文當中的「我要1個紅豆可頌」的這句話，也就是 un croissant（1 個可頌）,s'il vous plait.（請給我）」作爲商品名稱而熱賣當中。

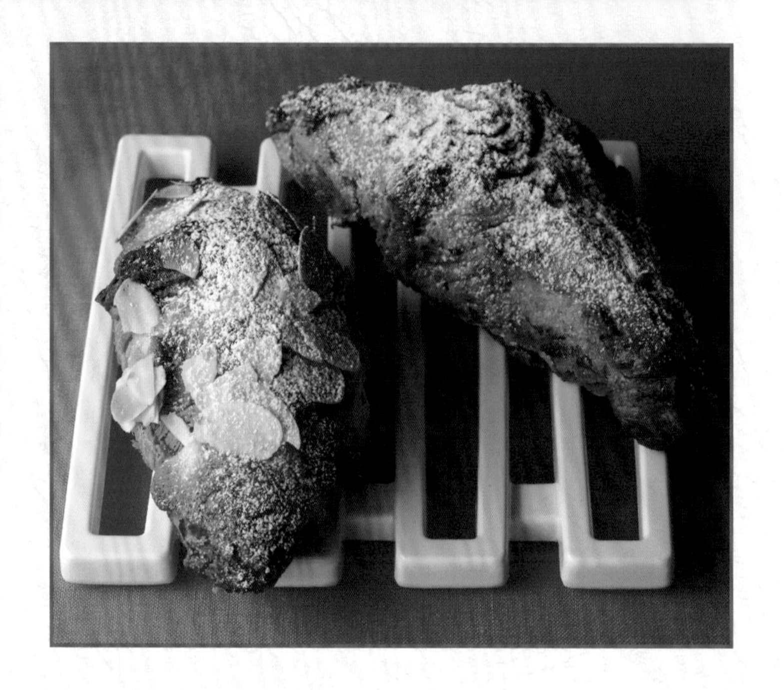

### 杏仁奶油可頌
Croissant aux amandes

**材料（4 個份）**

**可頌麵包 …… 4 個**
**杏仁奶油（➡p.35） …… 80～100g**
**杏仁片 …… 適量**
**糖粉 …… 適量**

**做法**

1. 以麵包刀將可頌切成上下兩半。
2. 下半部塗抹一層薄的杏仁奶油（a），再蓋回上半部恢復原來樣子。
3. 在表面各塗抹上15～20g的杏仁奶油（b）。
4. 放上大量的杏仁片（c）。
5. 放入烤箱以170℃烘烤約15分鐘。只要烤到表面的杏仁奶油乾掉就好，不要烘烤過頭。完成後擺在鐵網上放涼，之後再以濾網撒上糖粉。

a
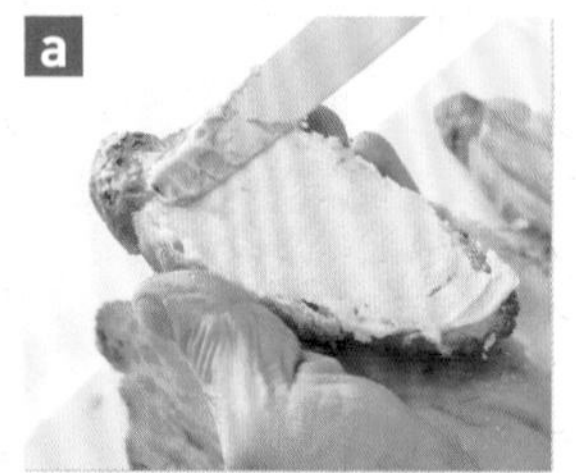

b

c

### 紅豆可頌
Un croissant, s'il vous plaît

**材料（4 個份）**

**可頌麵包 …… 4 個**
**蜜紅豆（市售產品） …… 適量**

**◘蜜紅豆杏仁奶油**
- **蜜紅豆（市售產品） …… 40g**
- **杏仁奶油（➡p.35） …… 40g**

**糖粉 …… 適量**

**做法**

1. 以麵包刀將可頌切成上下兩半。
2. 在下半部塗抹薄薄一層的蜜紅豆，再蓋回上半部恢復原來樣子。
3. 蜜紅豆和杏仁奶油混合。
4. 在2的表面全部各塗抹上20g的3。
5. 和左側「杏仁奶油可頌」的5以相同方式烘烤與裝飾。

PART 5

# 受歡迎的麵團

接著要介紹在麵包店經常會出現的「鄉村麵包」麵團及

最近人氣高漲的加水麵包－「田園麵包」的麵團做法。

其中的田園麵包得到麵包師傅的一致推薦，

很容易在家中製作，

所以請各位務必要挑戰看看。

使用了以低溫慢慢發酵的中種，
做法簡單風味十足的質樸麵包。

# 鄉村麵包

## Pain de campagne

### 中種是天然酵母種的替代品。

在我的店裡是使用天然酵母種來製作鄉村麵包，但是一般的家庭要維持天然酵母的活性不太容易。因此我在這裡要推薦在家中使用中種的製作方式。

**中種法是指將一部分的麵團先進行發酵，然後再與剩餘食材混合的揉麵方式**。中種就是將麵粉、酵母粉、麥芽精與水混合發酵之後，放入冰箱以低溫慢慢地冷藏一晚使其發酵。其中麥芽精則是作爲，即便是低溫發酵，也不會失去活性的酵母菌營養來源。由於在冰箱內的酵母菌活動力幾乎處於停止狀態，所以麵團不會膨脹，但其實麵團的熟成仍是在緩慢進行當中，而這正是麵包好吃的關鍵。

### 風味與香氣都很棒，穩定的發酵過程。

使用中種的優點在於是**在已經發酵的麵團中加入麵團，所以風味與香氣都會確實地顯現出來**。舉例來說中種就好比是長距離的跑者，穩定發揮實力，讓麵團的發酵處於穩定狀態。再加上**不容易受到周遭環境的溫度與溼度等因素影響，而能夠在不失敗的前提下烘烤出美味的麵包**。

至於經過緩慢發酵的麵包，則是能夠**長時間保持風味**。而鄉村麵包就是這種外表看來樸實，但是卻帶有十足香氣的麵包，而且烘烤完成後還會隨著時間變得更加美味。而這正是中種所帶來的效果。

如果覺得要在前一天製作中種很麻煩，其實到了做麵包當天再製作也沒關係。不過在這樣的情況下，速發酵母粉的使用量要增加一倍，並移至溫暖處進行 2 小時的發酵，這樣才能製作出中種。至於麵團的製作方式則是完全相同。

**材料（1 個份）**

**中種**

- 中筋麵粉（TERROIR pur）…… 125 g
- 速發酵母粉 …… 1 g
- 麥芽精 …… 1 g
- 水 …… 125 g

**麵團**

- 中筋麵粉（TERROIR pur）…… 125 g
- 裸麥麵粉（磨細）…… 25 g
- 速發酵母粉 …… 1 g
- 水 …… 60 g
- 鹽 …… 4 g

因爲不需要讓麵團產生強壯的麩質，所以使用了中筋麵粉。

**事前準備**

- 托盤倒入大量熱水放入烤箱的底層預熱，預熱設置為烤箱的最高溫度。

**特別準備物品**

直徑 18 cm的麵包籐籃、割紋刀

麵包籐籃是指籐製的發酵專用籃，不但能幫助麵團的成形，還具備了去除多餘水分等功能。

## 製作流程

**中種**
- 發酵 2 小時
- 放入冰箱冷藏一晚

**揉麵**
揉麵溫度 25℃

▼

**第一次發酵**
2 小時
（1 小時 ➡ 擠壓空氣 ➡1 小時）

**成形**
- 圓形。
- 放入麵包籐籃內。

**最後發酵**
1 小時

**烘烤**
劃下刀痕
250℃　30 分
（蒸烤）

## 鄉村麵包的做法

前一天

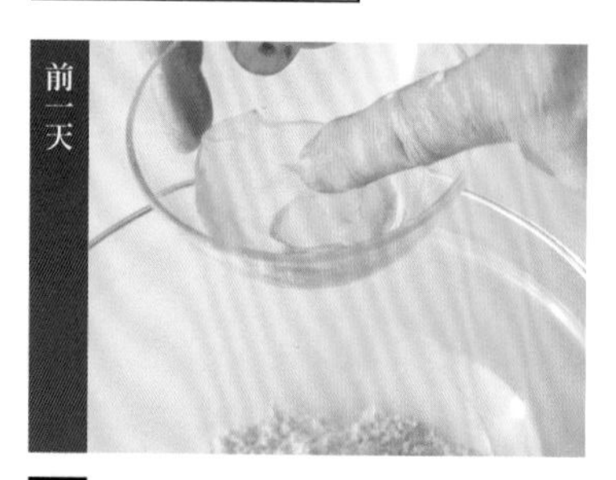

### 1 麥芽精加水稀釋。

前一天製作中種。麥芽精加入份量內少許水分稀釋。

由於麥芽精有黏性，所以先加水稀釋，之後比較容易混合攪拌。

### 2 粉類加入其他食材。

麵粉過篩倒入碗裡，接著加入酵母粉與加水溶解的麥芽精。

使用的 TERROIR pur 是 100% 法國產的小麥所製作，小麥的風味十分濃郁。

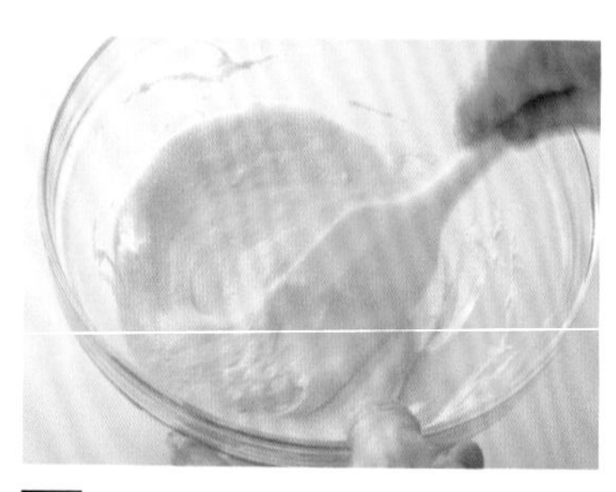

### 3 以刮刀混合攪拌。

以刮刀攪拌均勻。

此時麵團相當鬆散且黏稠。

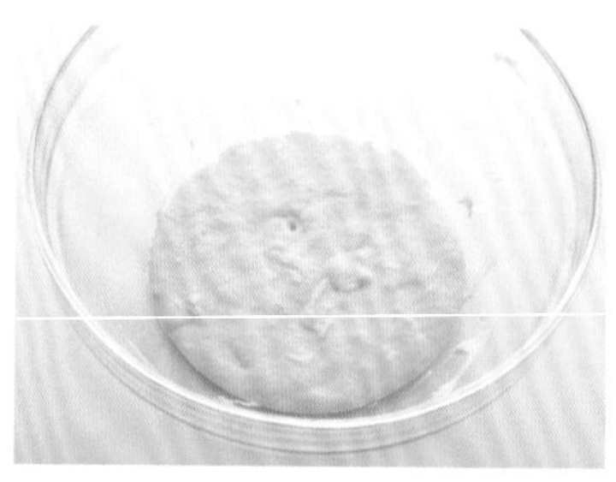

### 4 2 小時的發酵時間。

將麵團塑形成一整塊。寬鬆地覆蓋灑有手粉的保鮮膜後，移至溫暖處進行 2 小時的發酵。

### 5 放入冰箱冷藏一晚進行發酵。

直接放入冰箱冷藏進行一晚的發酵。

等到麵團整體產生氣泡，周圍有些浮起的狀態就表示發酵完成。如果氣泡還很小就表示發酵不足，氣泡太大則是發酵過度。圖片中的氣泡大小爲剛好的發酵狀態。

當天

### 6 製作麵團，材料都放入碗裡。

開始製作麵團。將麵粉與裸麥麵粉過篩倒入另一個碗裡，放入酵母粉，然後在中央弄出凹洞。

**7** 倒水。

朝中央的凹洞倒水。

**8** 水分全部吸收。

以刮刀混合攪拌讓水分能全部滲透。

不要過度攪拌以免產生麩質，輕輕地攪拌即可。因爲要是產生麩質，之後加入中種就不好混合攪拌。

**9** 加鹽。

麵粉還沒有完全吸收水分的狀態，等到粉類整體稍微混合後再放鹽。

由於水分還沒有滲透至麵團整體，爲了不讓鹽破壞酵母粉的活動力，要先將酵母粉與麵粉先混合後再加鹽。

**10** 混合攪拌。

持續攪拌讓麵粉吸收水分。

**11** 加入中種。

等到麵粉表面沒有水分殘留，開始結成小塊狀，就可以加入**5**的中種。

中種爲黏稠流質的狀態。因爲經過一晚的緩慢發酵，應該會散發出一股帶有酸味的香氣。

**12** 以刮刀混合。

以刮刀將整個麵團攪拌均勻。

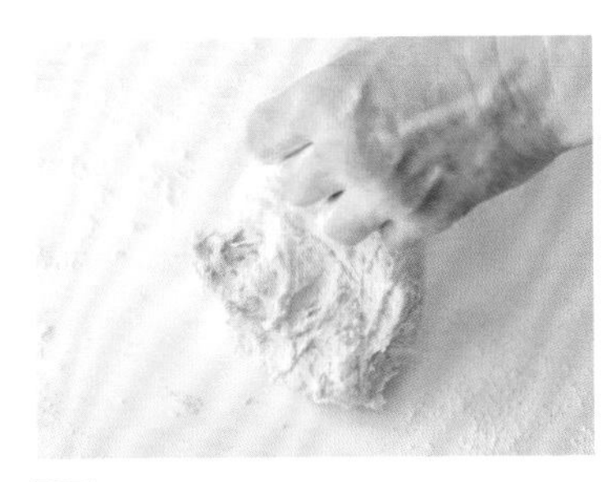

**13** 抓起麵團持續揉捏。

等到麵團大致上能結成塊狀，就放在工作台上。以「揉麵方式Ⓑ」（➡p.9）揉麵團。

麵團因爲加入了裸麥麵粉而十分黏稠，請務必要使用手粉。因爲會黏手，要用手指抓住麵團揉捏。

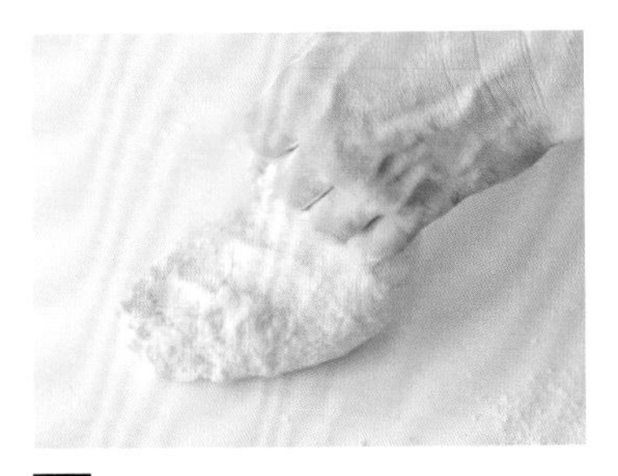

**14** 朝工作台摔打。

將麵團輕輕地朝工作台摔打。

不要太用力避免產生過多的筋度。

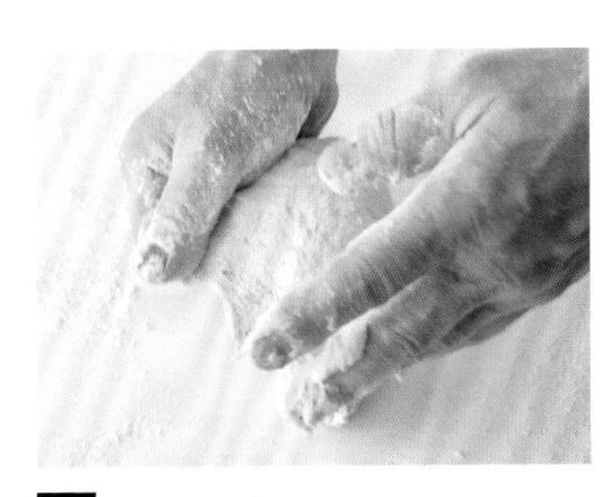

**15** 麵團對折。

經過摔打後就直接對折。接著重複**13**～**15**的步驟。

接續p.106

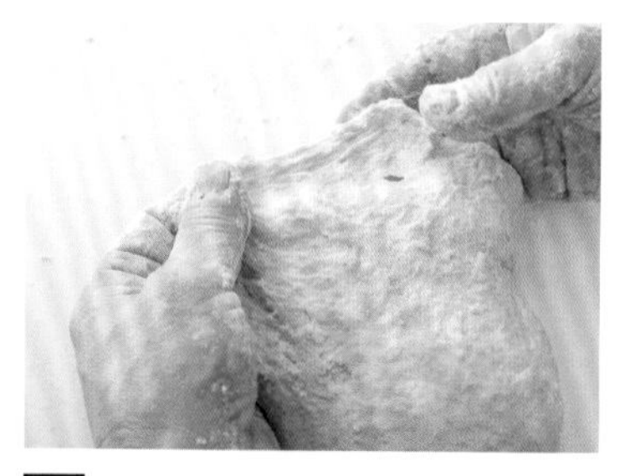

## 16 黏性消失的狀態。

麵團變得不會黏手以及沾黏工作台，呈現以手指按壓有彈力的狀態。

以兩手拉住麵團的兩端，不容易將其攤開，而且薄膜也不光滑。這是因爲產生了麩質的關係，揉捏到這樣的程度就可以了。

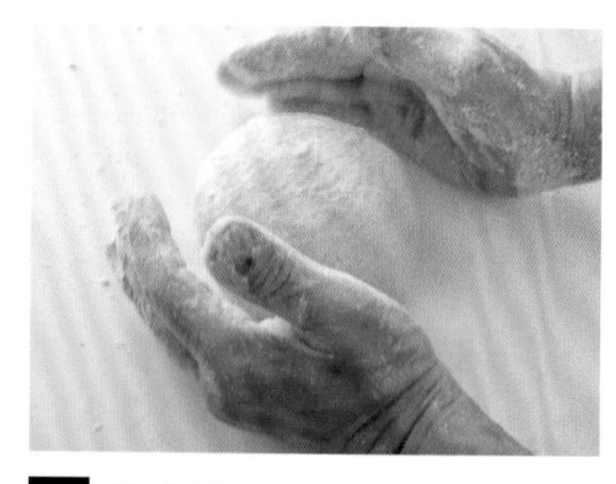

## 17 整成圓形。

將麵團表面弄得平整並整成圓形。揉麵溫度為 25℃。

## 18 第一次發酵為2小時。

將麵團放入一開始使用的碗裡，寬鬆覆蓋灑有手粉的保鮮膜，移至溫暖處進行 2 小時的第一次發酵。途中經過 1 小時的時候，將碗翻過來取出麵團放在工作台上，稍微從周圍對折然後擠出空氣。接著再放回碗裡進行 1 小時的發酵。

## 19 第一次發酵結束。

擠出空氣後等待麵團膨脹至 1.5 倍大後，就表示第一次發酵結束。

不只要注意時間，也必須確認麵團的膨脹程度。

## 20 手指插洞測試。

以食指沾手粉插入麵團後立刻抽出。

## 21 洞還維持表示是良好的狀態。

如果手指插入的孔洞形狀有維持住，就表示為良好的發酵狀態。

若是孔洞縮回，表示發酵還不夠，還需要多些時間發酵。

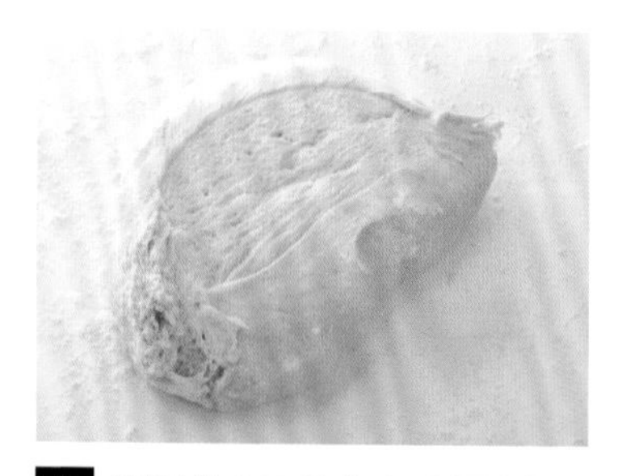

## 22 麵團放在工作台上擠壓空氣。

將碗翻過來取出麵團放在工作台上。以麵團上方朝內側包覆的方式來擠壓空氣。

不需要太用力擠壓，只要輕輕地擠壓空氣即可。

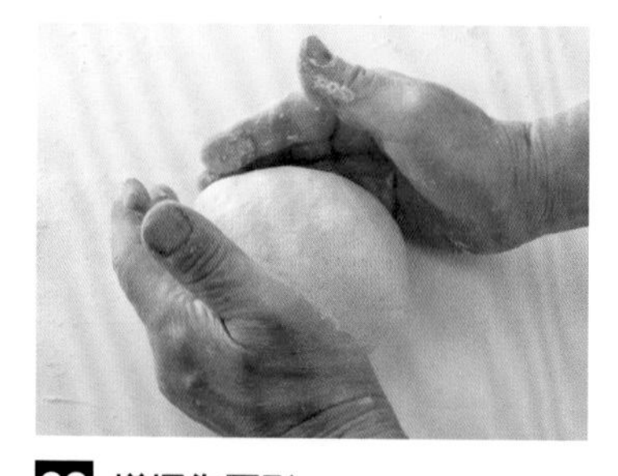

## 23 搓揉為圓形。

以兩手將麵團搓揉為圓形。

首先用兩手從麵團的上方朝下部中心轉動，將表面弄得滑順平整。接著以兩手的小指側的側面放在工作台的狀態，碰觸麵團然後轉動並以下部中心作爲肚臍。

## 24 麵包籐籃撒上手粉。

麵包籐籃撒上大量的手粉。

雖然沒有麵包籐籃也可以進行發酵，但要是有花盆形的麵包籐籃支撐，麵團的膨脹也會比較順利。因爲在少了麵包籐籃的情況下，發酵的能力會減弱，組織間會過於緊密。

**25** 放入麵團。

將麵團的上下翻轉，抓住底側放入籐籃。

不需要按壓麵團，只要放入即可。

**26** 進行1小時的最後發酵。

麵包籐籃寬鬆覆蓋灑有手粉的保鮮膜，移至溫暖處進行約 1 小時的最後發酵。

**27** 最後發酵結束。

最後發酵結束的狀態。

麵團膨脹至 1.5 倍大。最後發酵除了注意時間，同時也要確認麵團膨脹大小。

**28** 麵團移至烤盤，並劃下刀痕。

將麵包籐籃翻過來取出麵團放置在烤盤上，以割紋刀劃出刀痕。

以發酵時的麵團上方朝上。使用割紋刀時刀刃要稍微往上，左手輕壓麵團，迅速切開 2 ～ 3㎜的深度。

**29** 迅速劃下刀痕。

劃下方型後在中間打叉。

因爲有劃刀痕，所以有助於膨脹，外皮會變薄產生輕盈的口感。而且內側的麵團也能夠向外延展，並受熱效果良好。

**30** 以 250℃蒸烤，烘烤 30 分鐘。

托盤倒入大量熱水放在烤箱的底層，以最高溫度預熱，放入29以 250℃烘烤約 30 分鐘。完成後擺在鐵網上放涼。

因爲蒸烤方式讓刀痕可以膨脹地很工整，烤色也會顯現出光澤。

## Chef's voice

就如同「鄉村麵包」的名稱，是會散發出小麥風味與些微發酵酸味香氣的樸實麵包。一般都是以麵粉混合裸麥麵粉，使用天然酵母種進行長時間的發酵，烘烤過後的麵包體會膨脹的非常大。而且發酵時間越長，麵包的彈性就會越好（相反地，若加入大量酵母，卻沒有足夠的發酵時間，麵包的好吃度就不能持久）。鄉村麵包可以每天切下少許份量享用，這樣就能夠吃到 3 ～ 4 天的美味麵包。這裡所介紹使用中種的麵包食譜是到了隔天仍然好吃的製作方式。

CHECK **斷面** 麵團組織呈現不規則狀，到處都有較大的氣泡孔。

# 核桃葡萄乾麵包

Pain de campagne aux noix et raisins

雖然說我在法國學習到了許多麵包的知識，但老實說比起麵包店，在各地方的餐廳所吃到的**麵包與料理的結合才是最令我感動，以及影響我最多的部分**。鄉村麵包的麵團加入了核桃和葡萄乾，這是一位在里昂南部一個名爲瓦朗斯的城市的三星餐廳內工作，負責烘烤麵包的老先生教我的。這種麵包和聖內克泰爾起司的搭配十分讓人驚艷，請務必要以這種方式享用看看。

## 材料（6條份）

**鄉村麵包的麵團**（➡p.102）…… **全部**

**核桃** …… **75g**

**蘭姆酒醃漬葡萄乾** …… **75g**

蘭姆酒醃漬的葡萄乾的做法是將葡萄乾放入熱水裡，然後將熱水倒掉加入蘭姆酒浸泡。蘭姆酒的份量爲可以覆蓋住葡萄乾的程度即可。

## 事前準備

- 核桃放入烤箱以160～180℃烘烤15分鐘，放涼後切碎。
- 托盤倒入熱水放到烤箱最底層預熱。預熱溫度設定為烤箱的最高溫度。

## 特別準備物品

濾網

## 製作流程

| | |
|---|---|
| ▼中種 | 發酵2小時。<br>冷藏一晚。 |
| ▼揉麵 | 揉麵溫度 25℃ |
| ▼第一次發酵 | 2小時<br>（1小時➡擠壓空氣➡加入核桃、葡萄乾➡1小時） |
| ▼分割 | 90g |
| ▼靜置時間 | 20分 |
| ▼成形 | 長25㎝的棒狀 |
| ▼最後發酵 | 1小時 |
| ▼烘烤 | 撒上手粉<br>230℃ 25分<br>（蒸烤） |

## 做法

**1** 和「鄉村麵包」（➡p.102）1～22的步驟相同。只是在擠壓空氣時要將麵團攤開，放上核桃和酒漬葡萄乾（a），然後將麵團捲起。但由於一次加入太多核桃和酒漬葡萄乾會掉出來，所以要再一次將麵團攤開進行相同動作（b），接著搓揉成工整的圓形再放入碗裡（c），然後進行1小時的第一次發酵。

**2** 分割為6個90g的麵團。轉動麵團搓揉成細長狀，托盤撒上手粉放上麵團。托盤寬鬆地覆蓋灑有手粉的保鮮膜，移至溫暖處靜置約20分鐘。

**3** 搓揉成長25㎝的棒狀（可參考小型長棍麵包（➡p.18）的35～39步驟）。

**4** 麵團放在烤盤上（d），並寬鬆地覆蓋灑有手粉的保鮮膜。移至溫暖處進行約1小時的最後發酵。

**5** 托盤倒入大量熱水放入烤箱底層，以最高溫度預熱。以濾網朝4灑手粉，接著放入烤箱以230℃烘烤約25分鐘。完成後擺在鐵網上放涼。

a 核桃和葡萄乾要在擠壓空氣時放入，只要在擠壓空氣後將其包覆即可，不需要揉麵。

b 因爲無法一次將所有內餡包入，所以要再一次攤開麵團，將掉落的核桃和葡萄乾放入後捲起。

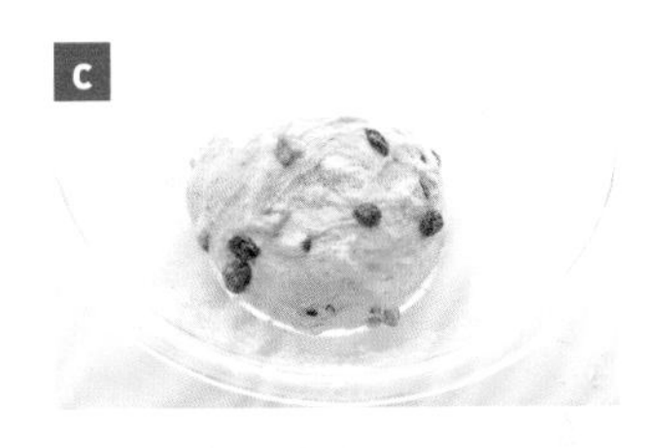

c 接著進行1小時的第一次發酵，這段時間核桃和葡萄乾會與麵團緊密結合在一起。

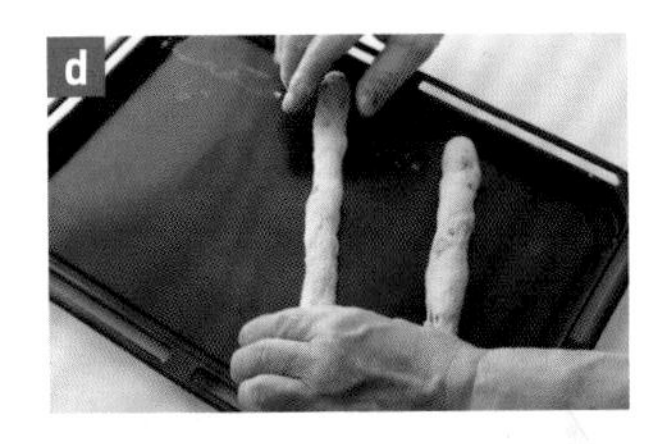

d 捏製成棒狀。由於核桃與葡萄乾從麵團掉落會很容易烤焦，所以要將內餡按壓至麵團內。

# 無花果麵包

## Pain de campagne aux figues

另一種適合與鄉村麵包結合的食材就是無花果乾。**因為加入了麵團 ⅓ 份量的無花果乾，享用的同時嘴裡會有滿滿的水果香氣。無花果乾的部分最好是選用容易與麵團結合，還帶有些許濕潤感的半乾燥無花果乾。**這種麵包和紅酒、洗浸起司等味道強烈的起司，以及燉煮鵝肝醬也都十分搭配。與黑棗的味道也很契合，也可以用來以相同份量代換無花果乾。

## 材料（6條份）

鄉村麵包的麵團（➡p.102）……全部

無花果乾……150g

## 事前準備

- 無花果乾切成1.5cm的方型
- 托盤倒入熱水放到烤箱最底層預熱。預熱溫度設定為烤箱的最高溫度。

## 特別準備物品

濾網、割紋刀

## 製作流程

| | |
|---|---|
| ▼中種 | ● 發酵2小時。<br>● 冷藏一晚。 |
| ▼揉麵 | 揉麵溫度 25℃ |
| ▼第一次發酵 | 2小時<br>（1小時➡擠壓空氣➡加入無花果乾➡1小時） |
| ▼分割 | 100g |
| ▼靜置時間 | 20分 |
| ▼成形 | 長12cm的橢圓形 |
| ▼最後發酵 | 1小時 |
| ▼烘烤 | ● 撒上手粉。<br>● 劃下刀痕。<br>230℃ 25分<br>（蒸烤） |

## 做法

**1** 和「鄉村麵包」（➡p.102）1～22的步驟相同。只是在擠壓空氣時要將麵團攤開，均勻放上無花果乾（a），然後將麵團捲起。如果不能一次加入所有的無花果乾，就要再一次將麵團攤開，同樣再放上無花果乾（b），接著搓揉成工整的圓形再放入碗裡（c），然後進行1小時的第一次發酵。

**2** 分割為6個100g的麵團。麵團搓揉成細長狀，托盤撒上手粉後放上麵團，寬鬆地覆蓋灑有手粉的保鮮膜，移至溫暖處靜置約20分鐘。

**3** 搓揉成長12cm的橢圓形。將麵團按壓成圓形，從上朝下對折⅓，以右手掌按壓使其緊貼。接著再一次從上朝下對折⅓，然後再對半折起，將接合處朝下，轉動搓揉成橄欖球型。

**4** 麵團放在烤盤上，並寬鬆地覆蓋灑有手粉的保鮮膜。移至溫暖處進行約1小時的最後發酵。

**5** 托盤倒入大量熱水放入烤箱底層，並以最高溫度預熱。以濾網朝4灑手粉，再用割紋刀傾斜劃下3道刀痕。接著放入烤箱以230℃烘烤約25分鐘，完成後擺在鐵網上放涼。

a

無花果乾要在擠壓空氣時放入，只要在擠壓空氣後將其包覆即可，不需要揉麵。

b

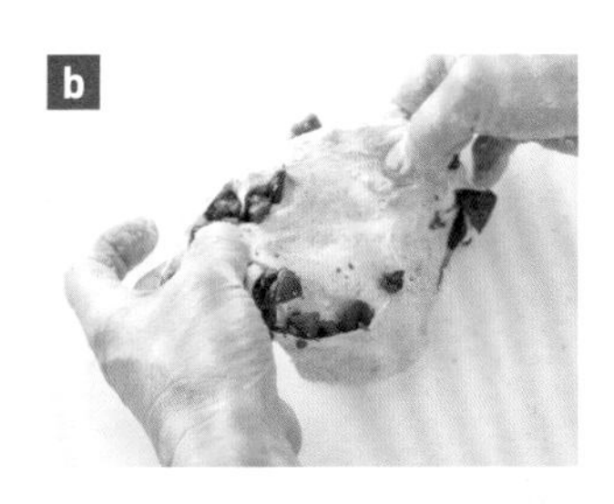

因為無法一次將所有內餡包入，所以要再一次攤開麵團，將掉落的無花果乾放入後捲起。

c

然後進行1小時的第一次發酵。

會產生許多氣泡孔，味道清爽的高含水量麵包。
因爲是「不需要揉捏」的麵團，推薦各位可以在家中親手製作。

# 田園麵包

Pain rustique

## 不必揉麵就會自然產生麩質。

最近的麵包業界很流行製作高含水＝麵團中的水分含量比例較高的麵包。長棍麵包的含水量約爲67%，至於高含水麵包的含水量則是有80%以上。而田園麵包也是其中一種的高含水麵包，這裡介紹的食譜爲80%的含水量。

**這種麵包最主要的製作特色就是「不需要揉麵」**。由於添加的材料很少，是屬於較脆弱的麵團，但其實要說到最簡單就能親自在家中製作的麵包，我推薦的首選名單就是田園麵包。

雖然說麩質是麵包不可或缺的一部分，但由於揉麵就會產生筋性，導致紮實的口感出現。而田園麵包就是爲此而衍生出的做法。

關於麩質的部分當然是會透過揉麵動作而快速增生，**但其實麵粉與水分混合後，在靜置的狀態下也會隨著時間產生麩質。但由於沒有揉麵動作，所以麩質的組織相對脆弱，所以在經過烘烤後會變成酥脆的口感**。在吃麵包時能明顯感受到前齒撕裂麵包的輕脆口感。

而且麵團也不需要塑形，只要在分割後以原本的形狀放入烤箱烘烤即可。所以才會有「田園麵包＝樸實」的說法出現。

## 3次的擠壓空氣代替揉麵動作。

製作的關鍵在於3次的擠壓空氣步驟。所謂的擠壓空氣，但其實只是拿起麵團稍微對折的程度罷了。所以才會出現在烘烤時氣泡大小不均的狀況，而且由於產生的麩質部分並不強勁，表皮才會顯得薄脆。再加上沒有揉麵更能展現出麵粉的風味，所以不需要揉麵，對這種麵包來說的確是突顯優點的做法。其中爲了提升3次擠壓空氣步驟到分割階段的效率，所使用的就是放置麵團的托盤，絕對可以讓這個麵包的做法變簡單。

**材料（4個份）**

中筋麵粉（TERROIR pur）⋯⋯ 250g
速發酵母粉 ⋯⋯ 1g
溫水（約36℃）⋯⋯ 50g
麥芽精 ⋯⋯ 1g
鹽 ⋯⋯ 5g
水 ⋯⋯ 150g

因爲不需要讓麵團產生強壯的筋性而使用中筋麵粉。使用的TERROIR pur是100%法國產的小麥所製作，小麥的風味十分濃郁。

**事前準備**

- 托盤裝滿熱水放入烤箱底層預熱。
- 烤盤也放入烤箱預熱。
- 預熱溫度設定為烤箱的最高溫度。

**特別準備物品**

布（最後發酵使用）

## 製作流程

**揉麵**
🌡揉麵溫度 23℃

▼

**第一次發酵**
🕒2 小時 20 分
（30 分 ➡ 擠壓空氣 ➡1 小時 ➡ 擠壓空氣 ➡30 分 ➡ 擠壓空氣 ➡20 分）

▼

**分割**
4 等分

▼

**最後發酵**
🕒1 小時

▼

**烘烤**
🌡250℃ 🕒20 分
（蒸烤）

## 田園麵包的做法

### 1 溫水裡放入酵母粉。

碗裡倒入溫水，然後放入酵母粉。

靜置等待酵母粉沉澱。由於是屬於組織較脆弱的麵團，先將酵母粉溶於溫水可以促進酵母的活動力。

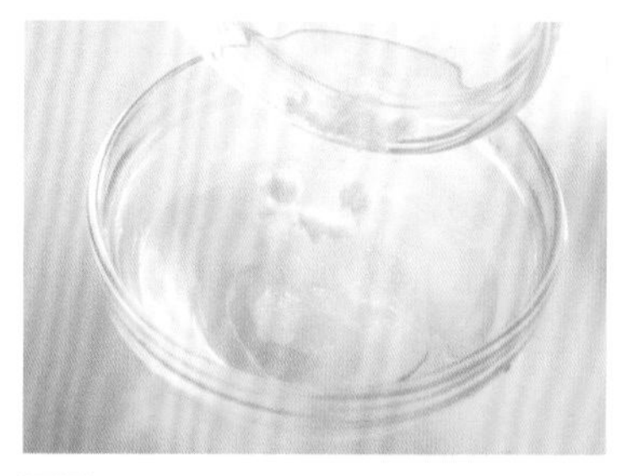

### 2 鹽加水溶化。

在別的碗裡倒入水後再加入鹽。

由於揉麵的時間較短，所以酵母粉和鹽都分別溶於液體中，在混合時會比較輕鬆。因爲麵團的材料簡單，所以這個部分要特別下工夫。

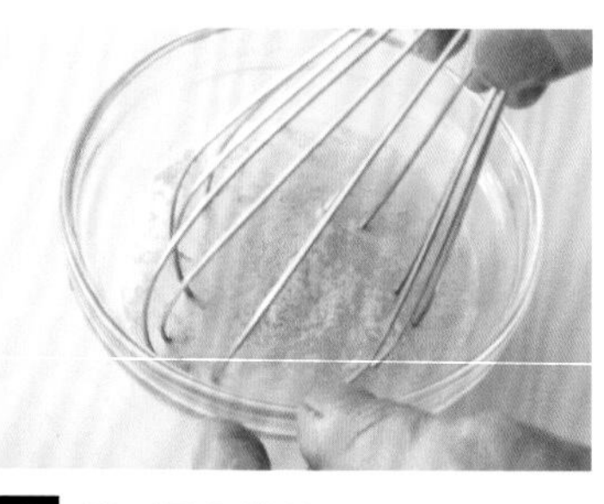

### 3 將1混合攪拌。

等到1的酵母粉沉澱後，就以打蛋器輕輕地混合攪拌。

### 4 酵母液與麥芽精混合。

先將麥芽精加入3少許酵母液混合，然後再倒入3的酵母液，以打蛋器混合攪拌。

因爲麥芽精有黏性，所以要先與液體混合後再加入。

### 5 麵粉加入酵母液。

麵粉過篩倒入別的碗裡，加入4的酵母液。

### 6 麵粉與水分大致混合。

以刮刀輕輕地混合讓水分完全滲透。

不需要過度攪拌。

## 7 加入一半的鹽水混合。

**麵粉與水分大致混合後，再加入2的一半鹽水混合。**

由於揉麵步驟相當短暫，為了不要讓酵母直接與鹽接觸，而影響到發酵能力，所以會比較慎重。

## 8 加入剩下的鹽水。

**等到麵粉吸收水分後再加入剩下的鹽水。**

## 9 混合攪拌均勻。

**攪拌至沒有顆粒結塊的狀態。**

在產生筋度前，迅速攪拌均勻。只需要「混合」就好。

## 10 揉麵溫度為較低的 23℃。

**測量揉麵溫度，理想溫度為 23℃。**

由於之後還要經過 3 次的擠壓空氣動作來製作麵團，所以多次接觸麵團=測量上升溫度，要將揉麵溫度控制在較低的溫度。

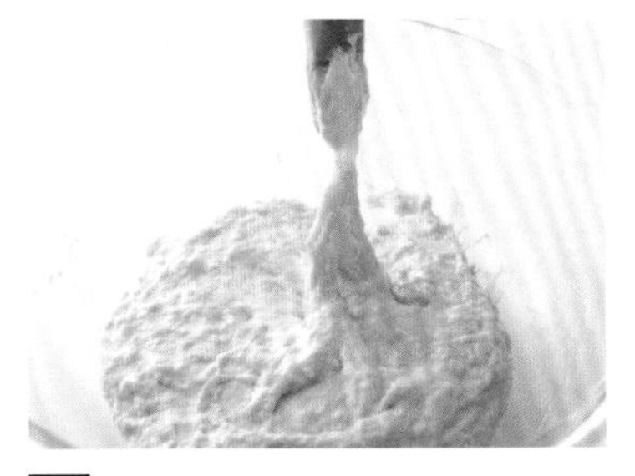

## 11 移至托盤，進行第一次發酵。

**托盤撒上薄薄一層手粉，放上麵團並寬鬆地覆蓋灑有手粉的保鮮膜，接著移至溫暖處進行 2 小時 20 分鐘的第一次發酵。**

因為是水分較多的麵團，顯得柔軟且黏稠。所以要從碗裡移動至托盤上。

## 12 經過 30 分鐘。

**經過 30 分鐘後進行第一次擠壓空氣。**

擠壓空氣步驟是在第一次發酵的 30 分鐘後，接著是 1 小時過後，以及 30 分鐘過後共計 3 次。

## 13 進行第 1 次的擠壓空氣動作。

**以指尖抓住麵團的邊緣，朝中心對折。**

麵團比發酵前變得更細緻綿密。如果麵團會沾黏，請先在指尖沾滿手粉。

## 14 折起麵團。

**分成平均的 8 處相互對折。**

## 15 調整成平坦狀態。

**輕輕地將麵團弄平坦。**

接續 p.116

**16 麵團繼續發酵。**

托盤寬鬆地覆蓋保鮮膜讓麵團發酵。

經過幾次的擠壓空氣動作後，麵團的狀態會持續有所改變。

**17 從16經過1小時過後。**

從16經過1小時過後就進行第2次的擠壓空氣動作。

麵團膨脹且變得柔軟黏稠。

**18 第2次的擠壓空氣動作。**

和13～15同樣從麵團的邊緣朝中央折起。

大致上變成一整塊麵團，但還是呈現柔軟黏稠的狀態。

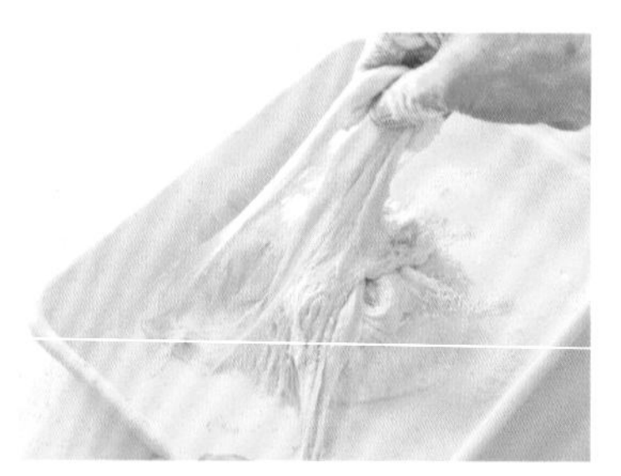

**19 折起麵團。**

分成平均的7處開始對折。

擠壓空氣的動作要隨著次數而降低力道，會產生筋性呈現鬆軟的狀態。

**20 調整成平坦狀態。**

輕輕地將麵團弄平坦。

**21 麵團繼續發酵。**

托盤寬鬆地覆蓋保鮮膜讓麵團發酵。

**22 從21經過30分鐘過後。**

從21經過30分鐘過後就進行第3次的擠壓空氣動作。

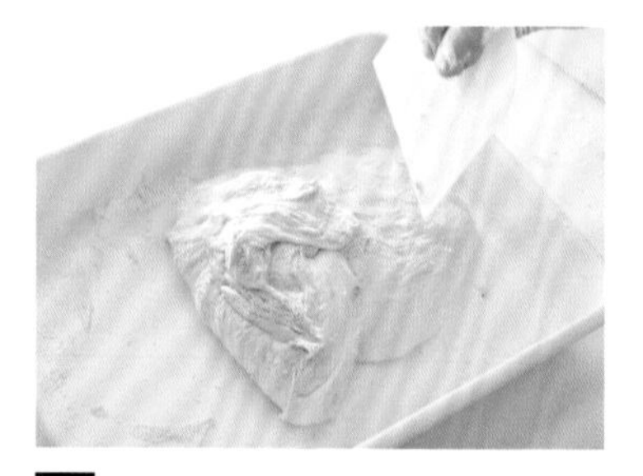

**23 第3次的擠壓空氣動作。**

和13～15一樣，從麵團邊緣的3處朝中央折起。

由於此時大致上已經產生筋性，這時候以刮板將麵團從托盤上刮起，對折的動作會比較輕鬆。

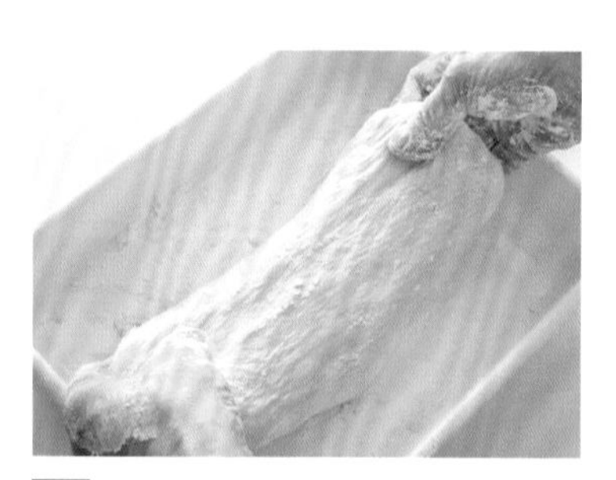

**24 調整成平坦狀態。**

輕輕地將麵團弄平坦。

**25 麵團繼續發酵。**

托盤寬鬆覆蓋保鮮膜讓麵團發酵 20 分鐘。

**26 25經過20分後第1次發酵結束。**

第 1 次發酵結束的狀態。

麵團適度產生筋性，已經變成完整的麵團狀態。

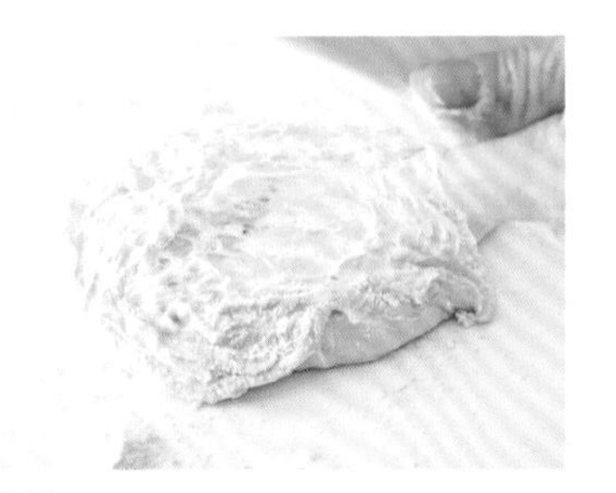

**27 麵團放在工作台上。**

托盤翻過來將麵團倒扣在工作台上。

不必擠壓空氣就直接進行分割動作。

**28 分割成 4 等分。**

在工作台上將麵團上方朝內側包覆，並適度調整為長方形。接著以刮板分割為 4 等分。

1 個麵團約 110g。只需要以刮板分割，不需要特別搓揉成怎樣的形狀。

**29 進行 1 小時的最後發酵。**

在烤盤鋪上布並撒上大量的手粉，將麵團上下翻轉擺放。在麵團的兩側將布立起，並寬鬆地覆蓋保鮮膜，移至溫暖處進行約 1 小時的最後發酵。

**30 放入烤箱 250℃烘烤 20 分鐘。**

托盤裝滿熱水放入烤箱的底層，以最高溫度預熱。接著將麵團放在預熱過的烤盤上，以 250℃烘烤約 20 分鐘。完成後擺在鐵網上放涼。

如果情況允許請以 270℃進行烘烤。

CHECK **斷面** 特色是偏大且不規則的氣泡孔洞，及烤得薄脆的外皮。

# 水果田園麵包

## Pain rustique aux fruits des bois

田園麵包的麵團因爲有偏大的氣泡，所以吃起來較爽口，也因爲完全沒有內餡，所以更能吃出麵包本身的風味。不過在這裡也要推薦將這道簡單就會散發出小麥香氣的美味麵包，搭配上柳橙皮和腰果的組合方式。而且蔓越莓也相當適合。**重點在於是要在第 1 次擠壓空氣時將內餡加入，如果是在之後的步驟才加入，那就會破壞麵團本身好不容易產生的氣泡。**

### 材料（4個份）

田園麵包的麵團（➡p.112）…… 全部
柳橙皮（塊狀）…… 50g
君度橙酒 …… 5g
腰果 …… 50g

### 事前準備

- 托盤倒入大量熱水放入烤箱底層預熱，烤盤也放入烤箱預熱，預熱溫度設定為烤箱的最高溫度。
- 腰果以160～180℃烤15～20分鐘，然後稍微切碎。
- 柳橙皮和君度橙酒混合。

### 製作流程

| | |
|---|---|
| ▼ 揉麵 | 揉麵溫度 23℃ |
| ▼ 第一次發酵 | 2小時20分（30分➡擠壓空氣➡和柳橙皮與腰果➡混合1小時➡擠壓空氣➡30分➡擠壓空氣➡20分） |
| ▼ 分割 | 4等分 |
| ▼ 最後發酵 | 1小時 |
| ▼ 烘烤 | 250℃ 20分（蒸烤） |

### 做法

**1** 和「田園麵包」（➡p.112）1～30的步驟相同（d～f）。但是在13的第1次擠壓空氣時，柳橙皮和腰果要放在麵團上再動作（a～c）。

a 在第1次擠壓空氣時，麵團要放上柳橙皮和腰果混合。

b 和基本的田園麵包做法相同，抓住麵團的邊緣折起。不過太在意柳橙皮和腰果的存在，而導致過度對折的情況發生，要記住這個步驟頂多只是在擠壓空氣。

c 因爲之後還要再進行2次的擠壓空氣動作，所以這時候與麵團整個混合均勻也沒關係。

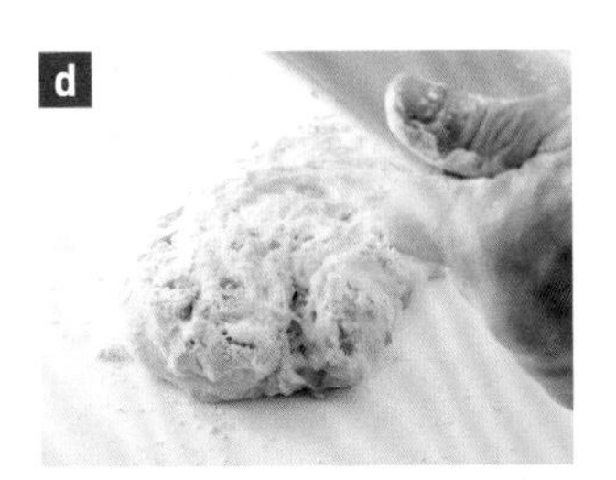

d 經過3次擠壓空氣動作，將完成第一次發酵的麵團倒過來放在工作台上。麵團和發酵前相比會有不同，質地會變得較爲柔軟且產生筋性。

e 以刮板分割爲4等分，1個約爲140g。

f 麵團放在布上進行最後發酵，接著放入烤箱烘烤。

藤森師傅的推薦！

# 麵包的好夥伴

## 焦糖蘋果果醬

Confiture de pomme au caramel

蘋果盛產季節絕對要親手製作的果醬。

美味關鍵是焦糖的濃郁香氣。

**材料（120ml 容量的瓶子 10 個份）**

- Ⓐ 蘋果……8 個（1kg）
- Ⓐ 細砂糖……250g
- Ⓑ 細砂糖……500g
- Ⓑ 水……400g
- Ⓒ 細砂糖……250g
- Ⓒ 果膠（市售產品）……8g

**事前準備**

◉用來保存的瓶子要以熱水煮沸消毒，然後倒過來讓其自然風乾。

**做法**

1. 蘋果削皮去芯切細。
2. 鍋内放入1和Ⓐ的砂糖後開火，燉煮至蘋果稍微變色變軟。並靜置一晚。
3. 隔天在別的鍋内放入Ⓑ後開火，以木鏟攪拌變茶色，持續燉煮製作焦糖。
4. 在3加入2。
5. 混合Ⓒ的材料，然後加入4混合。接著依照自己喜好持續燉煮。
6. 趁著5還很燙的狀態倒入保存的瓶子内，蓋上蓋子倒過來放置1天。在鍋内倒入瓶子⅓高度的水後煮沸，然後將瓶子倒過來放入鍋中，煮沸殺菌20分鐘。

在我的店裡有販賣適合與麵包搭配的手工果醬和肉醬等商品，
會按照季節與心情來製作各式各樣口味的食物。
都是可以趁著做麵包的空檔就能完成，所以請務必親自動手做做看。
有了這些加工製品，就能在餐桌上享受一頓麵包大餐！

## 豬肉肉醬

Rillettes de porc

這道法式菜餚其實做法十分簡單。
因爲有脂肪再加上是密閉保存，所以能夠在冰箱冷藏保存約1個月左右。
很適合與切片的長棍麵包或鄉村麵包搭配享用。

**材料（直徑6cm小陶盅約12個份）**

豬梅花肉……500g
鹽……6g
白胡椒……3g
砂糖……3g
洋蔥……½個
蒜頭……1瓣
豬油……25g＋380g
白酒……200ml
百里香……½根
月桂葉……½片

**做法**

1. 豬梅花肉切成5cm方型，撒上鹽、白胡椒、砂糖醃漬一晚。
2. 洋蔥對半切開除去纖維切成薄片，蒜頭切碎。
3. 平底鍋開火加熱放入25g的豬油，加入2拌炒，不需要炒至變色。
4. 放入1，等到表面變熟後，再倒入白酒與380g的豬油。去除多餘殘渣後放入百里香與月桂葉，接著以小火（保持約85℃）燉煮約4個半小時。
5. 從4取出表面浮出透明油脂⅓的量，將剩下的肉與脂肪分開，並稍微把肉撥散。
6. 油脂放入碗裡，隔著冰水慢慢地攪拌混合。等到油脂變成柔軟的鮮奶油狀，再加入5的肉慢慢地攪拌混合均勻。
7. 將6緊密不要有空氣地塞入小陶盅內，再將之前取出的⅓油脂放在表面。

# 麵包店的人氣點心

我的店裡也有擺放法國的地方點心和甜點等商品。
法式脆片以及在法國的麵包店一定會出現的法式小泡芙等。
接著要介紹一些麵包店內的人氣點心。

# 2 種法式脆片

Rusk

黑糖與焦糖的 2 種法式脆片，
使用長棍麵包並改變切法，
絕對適合作爲下午茶時間的最佳良伴，或是嘴饞的零食點心。

## 黑糖法式脆片

Crouton rusk au sucre noir

**材料**

長棍麵包 …… ½條
無鹽奶油 …… 50 g
黑糖（粉末） …… 70 g

**事前準備**

◉ 烤盤鋪上烘焙紙。

**特別準備物品**

烘焙紙

**做法**

1 長棍麵包切成1～1.5㎝的方型。

2 鍋內放入奶油開火，並持續搖晃鍋子，直到奶油變成深茶色但沒有燒焦的狀態。等到奶油稍微冷卻，再加入黑糖以刮刀混合。

3 將1的長棍麵包放入2混合，確實地讓麵包吸附汁液。

4 將3分散地放在烤盤上，接著放入烤箱以120℃烘烤40分鐘～1個小時直到乾燥為止。

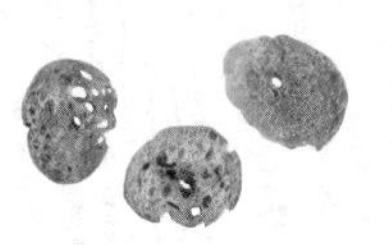

## 焦糖法式脆片

Rusk caramel

**材料**

長棍麵包 …… ½條
無鹽奶油 …… 100 g
細砂糖 …… 75 g

**準備**

◉ 奶油恢復至室溫狀態。
◉ 烤盤鋪上烘焙紙。

**特別準備物品**

抹刀、烘焙紙

**做法**

1 長棍麵包切成厚度 2 ～ 3㎜。

2 碗裡放入奶油，以打蛋器攪拌成柔軟的鮮奶油狀態。

3 加入細砂糖後仔細地混合攪拌。

4 以抹刀在1的整體都塗抹一層薄薄的3。

5 擺在烤盤上放入烤箱以160℃烘烤10～12分鐘。

材料（約50個份）

- 牛奶 …… 150g
- 無鹽奶油 …… 60g
- 砂糖 …… 4g
- 鹽 …… 4g
- 法國麵包粉（LYS D'OR）…… 90g
- 雞蛋 …… 約3顆
- 苦橙花水（➡p.71）…… 3g
- 珍珠糖 …… 適量

事前準備

- 雞蛋恢復常溫狀態。
- 烤盤鋪上烘焙紙。

特別準備物品

烘焙紙、擠花袋、花嘴（口徑7㎜）

# 法式小泡芙

## Chouquette

不需要擠入鮮奶油，小巧可愛外皮的泡芙。揉好的麵團最後會加入苦橙花水，飄散出誘人香氣。雖然是甜點，不曉得爲何法式小泡芙卻是法國的麵包店架上的必備商品。每天都在上演烘烤完成後，陸續擺放在店內的貨架上，趁著還有熱度餘溫，一上架就吸引人潮購買的情景。表面的部分珍珠糖因爲受熱而焦糖化，散發出香氣且帶有脆脆的口感。

### 做法

1 鍋內放入牛奶、奶油、砂糖和鹽後開大火。

2 1煮沸後立刻關火。一次將麵粉加入（a），以木鏟快速混合攪拌均勻。

3 開火以木鏟下切方式混合攪拌，直到質地變得軟滑出現黏性與光澤後（b），鍋子就離開爐火倒入碗裡。

4 將雞蛋打散，分5次加入3。每次都要以打蛋器仔細攪拌（c）。

5 蛋液要留下約20ml作為調整，最後再加入。要攪拌至撈起會立即落下，呈現緞帶狀柔軟狀態（c）。

6 最後加入苦橙花水後攪拌均勻。

7 擠花袋裝上花嘴，將6倒入。在烤盤上擠出直徑2㎝的圓形。

8 朝整個烤盤撒上大量的珍珠糖（d），兩手拿起烤盤搖晃讓珍珠糖依附在麵糊上（e）。將烤盤傾斜讓多餘的珍珠糖掉落（f）。

9 放入烤箱，以180℃烘烤26分鐘。

a

這樣的份量，使用直徑15㎝的鍋子就能輕鬆攪拌麵糊。

b

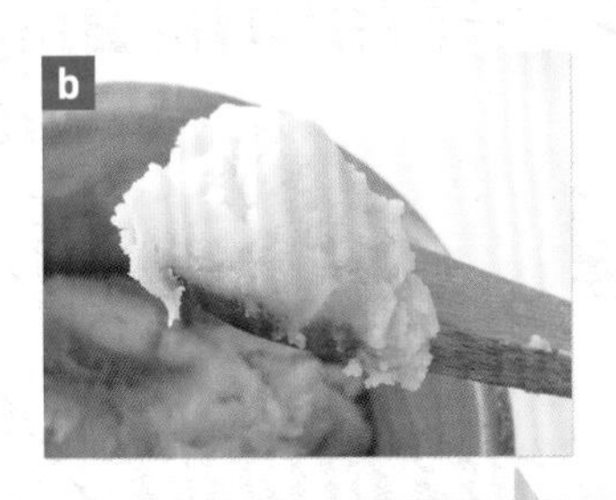

以木鏟按壓下切方式攪拌，直到能夠立即切斷的狀態。切面呈現柔軟且有光澤就是可以的狀態，這時候要立即關火。

c

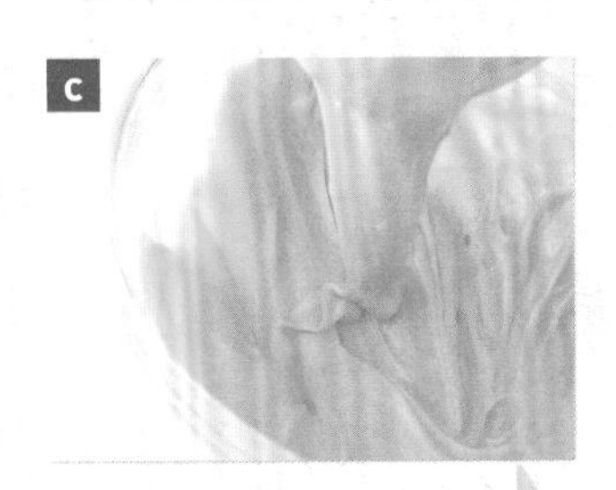

蛋液要分5次加入。加入蛋液後會立即變得較爲分離，但只要持續攪拌就會互相結合。可以使用手動或是桌上攪拌器。因爲要烤到表面粗糙的狀態，所以麵糊的部分不能過於軟爛。要達到以打蛋器撈起麵糊會立即落下，劃出倒三角形麵糊會往下流，並留下些許痕跡的軟硬程度。

d

撒上大量的珍珠糖。

e

大幅度搖晃烤盤，讓珍珠糖能夠依附在麵糊上。

f

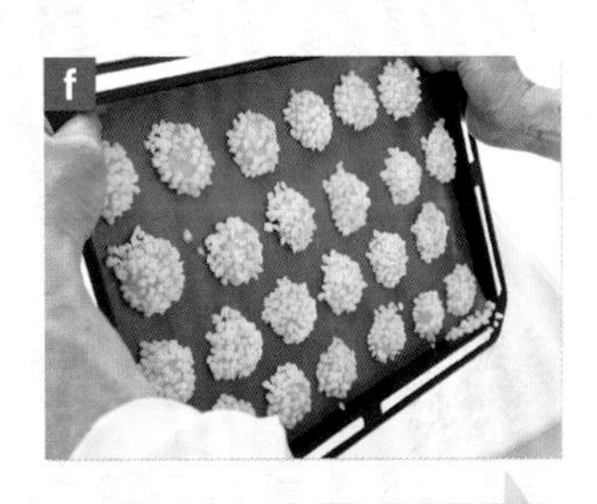

將烤盤傾斜，讓多餘的珍珠糖落下。擠出麵糊後也可以放入冰箱冷凍保存。如果是將麵糊擠在烘焙紙上冷凍，那要將冷凍後變硬的麵糊取下，放入有夾鏈的袋子保存冷凍。然後放在烤盤上解凍，接著撒上珍珠糖再放入烤箱烘烤。

材料（8 個份）

- 低筋麵粉 …… 175g
- 裸麥麵粉 …… 75g
- 泡打粉 …… 5g
- 薑 …… 3g
- 肉桂 …… 3g
- 茴芹 …… 1g
- 豆蔻 …… 1g
- 肉豆蔻 …… 1g
- 多香果 …… 1g
- 雞蛋 …… 2 顆
- 黃砂糖 …… 75g
- 蜂蜜 …… 200 g
- 無鹽奶油 …… 100g
- 柳橙（薄片切成十字 4 等分）…… 8 片
- 黑棗 …… 4 個
- 無花果乾 …… 4 個
- 葡萄乾 …… 32 個
- 柳橙皮（方塊）…… 適量
- 杏仁果（切半）…… 8 個
- 核桃（切半）…… 8 個
- 開心果 …… 8 個
- 鏡面果膠（裝飾用）…… 適量

6 種香料都是使用粉末，裝飾用的乾燥水果可按照自己喜好選擇。

事前準備

- 融化奶油。
- 黑棗、無花果乾切半。

特別準備物品

8cm×3.5cm×高 2.5cm的磅蛋糕紙模 8 個（也可以使用相同大小的磅蛋糕模型來烘烤）

# 香料糕餅

## Pain d'épices

香料糕餅是混合了好幾種香料粉所製作出來的糕點。由甘甜風味的香料釀製出無法以言語形容的美味度，我的食譜是比道地的法式做法香料還要清淡一些，調整爲每個人都能輕鬆入口的味道。而且口感也相當獨特，因爲加入了大量的蜂蜜，所以質地濕黏。放上乾燥水果提升豐富感，光是麵團經過烘烤的部分就已經風味十足。

## 做法

**1** 低筋麵粉、裸麥麵粉、泡打粉、6種的香料混合過篩（a）。

**2** 雞蛋和黃砂糖放入碗裡，以打蛋器混合攪拌至黃砂糖溶化為止。接著再加入蜂蜜攪拌（b）。

**3** 將1分2次加入混合攪拌。（c）。

**4** 加入融化奶油後混合攪拌（d）。

**5** 各倒入90g的麵糊至磅蛋糕紙模。（e）。

**6** 放入烤箱以180℃烘烤25分鐘。在烘烤途中的15分鐘從烤箱取出，在麵糊上方用刀子各劃出1道刀痕（f）。然後再各放上柳橙1片、黑棗1片、無花果乾1片、葡萄乾4個、柳橙皮1小撮、杏仁果1個、核桃1個、開心果1個（g）。接著再烘烤約10分鐘。

**7** 放涼之後以鏡面果膠塗抹表面整體（依照產品說明進行加熱等步驟的事前準備）。

a

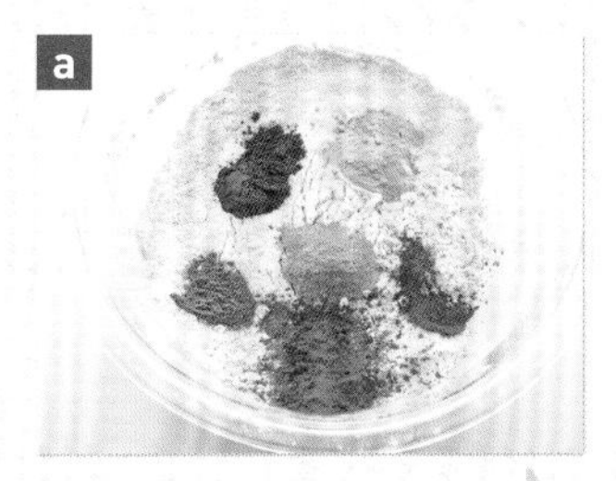

粉類與6種的香料混合過篩，裸麥麵粉可以緩和香料的苦澀味。

b

放入大量的蜂蜜，以打蛋器攪拌均勻。

c

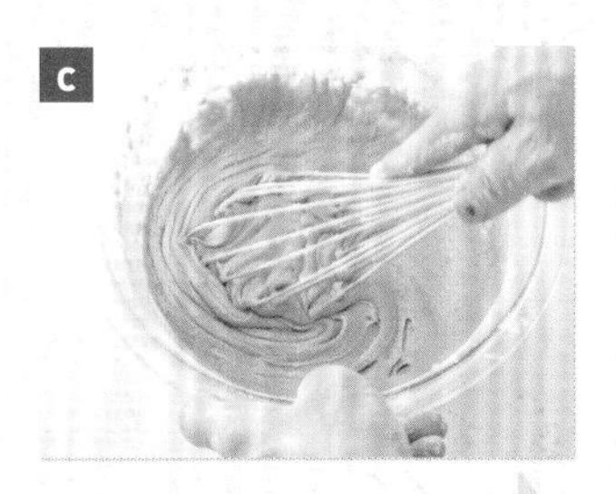

基本上是屬於只要按照順序放入材料就能完成的簡單做法。只要在加入材料時持續攪拌至麵糊變得滑順即可。

d

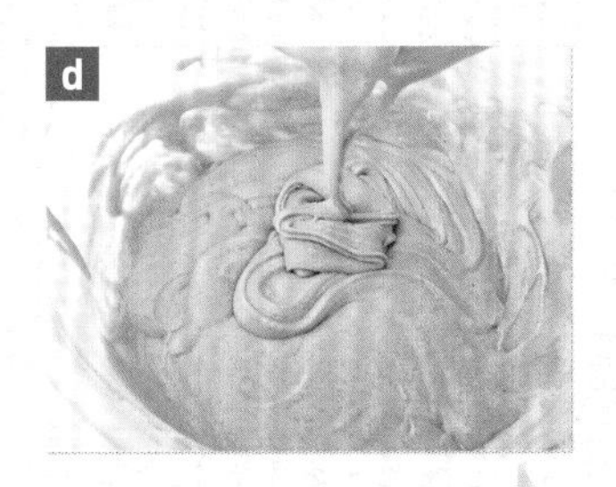

攪拌途中麵糊會變得黏稠結塊，但最後加入融化的奶油就能使麵糊變得稍微濕潤一些。

e

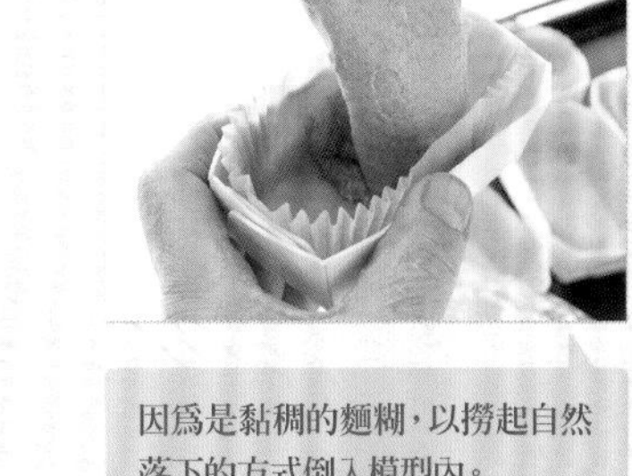

因爲是黏稠的麵糊，以撈起自然落下的方式倒入模型內。

f

烘烤途中差不多15分鐘的時候中央就會膨起，打開烤箱以小刀劃出刀痕。這樣麵糊中央就都能受熱烤熟。

g

趕緊放上乾燥水果作爲裝飾，然後再放回烤箱。表面塗抹鏡面果膠是爲了產生光澤及避免乾燥。

## PROFILE

### 藤森二郎

1956年在東京目黒出生，從明治學院大學法學部畢業後，曾經做過糕點師，但由於感受到麵包的魅力，而成為菲利浦・畢可（Phillippe Bigot）的弟子，轉換跑道進入麵包店工作。1989年獨自出來開業，而開設了「畢可的店」鷺沼店（神奈川・鷺沼）。包括2011年開設的「Mon-Peche-Mignon」（鎌倉・雪之下）在內，現在已經擁有5家的店鋪。2006年榮獲法國政府所頒發的法國農業功勞騎士獎章，同時也是第一個日本人麵包師傅獲得此殊榮。除了經常展現出對麵包的熱情真摯想法，同時也態度大方地活躍於電視、雜誌、活動等，多方面展現出自身滿滿的活力。有出版《「エスプリ・ド・ビゴ」のホームベーカリーレシピ》（小社刊）等數本著作。
店鋪的最新情報HP：http://www.bigot-tokyo.co.jp/


TITLE

「麵包・麵團」完美配方精析圖解

STAFF

出版　瑞昇文化事業股份有限公司
作者　藤森二郎
譯者　林文娟

總編輯　郭湘齡
文字編輯　黃美玉　徐承義　蔣詩綺
美術編輯　陳靜治
排版　謝彥如
製版　昇昇興業股份有限公司
印刷　皇甫彩藝印刷股份有限公司

法律顧問　經兆國際法律事務所　黃沛聲律師

戶名　瑞昇文化事業股份有限公司
劃撥帳號　19598343
地址　新北市中和區景平路464巷2弄1-4號
電話　(02)2945-3191
傳真　(02)2945-3190
網址　www.rising-books.com.tw
Mail　resing@ms34.hinet.net

初版日期　2017年8月
定價　350元

ORIGINAL JAPANESE EDITION STAFF

撮影 ■ 日置武晴
デザイン ■ 河内沙耶花（mogmog Inc.）
取材・構成・スタイリング ■ 横山せつ子
校正 ■ 株式会社円水社
製パンアシスタント ■ メルシー・ヨモギ（蓬畑直紀／エスプリ・ド・ビゴ）
編集 ■ 小栗亜希子

國家圖書館出版品預行編目資料

「麵包.麵團」完美配方精析圖解 / 藤森二郎作; 林文娟譯. -- 初版. -- 新北市 : 瑞昇文化, 2017.08
128面 ; 18.8公分X25.7公分
ISBN 978-986-401-187-2(平裝)

1.點心食譜 2.麵包

427.16　106011943





TITLE : [パンのきほん、完全レシピ]
BY : 藤森 二郎 (著)